高等职业教育精品示范教材（电子信息课程群）

Java Web 项目开发实训教程

主 编 刘 嵩

副主编 李文蕙 李 唯 肖 英

主 审 罗保山

中 国 水 利 水 电 出 版 社
www.waterpub.com.cn

内 容 提 要

本书为高等职业教育计算机相关专业用教材。本书采用一个完整的案例——社区宠物诊所系统，全面讲述了基于 MVC 模式的 JSP/Servlet 编程技巧。本书从项目需求开始，循序渐进地介绍了项目分析、设计以及编码实现。内容涵盖 JSP/Servlet 编程、JDBC 数据库访问、CSS 布局以及 AJAX 交互等内容。

本书结构新颖、层次分明、内容丰富，充分考虑了高职高专学生的特点，所选案例与实际生活密切结合，具有很强的代表性，也具有很强的实用性。

本书配有代码素材，读者可以从中国水利水电出版社网站以及万水书苑免费下载，网址为：http://www.waterpub.com.cn/softdown/和 http://www.wsbookshow.com。

图书在版编目（CIP）数据

Java Web项目开发实训教程 / 刘嵩主编. -- 北京：中国水利水电出版社，2015.1（2021.6重印）
高等职业教育精品示范教材. 电子信息课程群
ISBN 978-7-5170-2865-9

Ⅰ. ①J… Ⅱ. ①刘… Ⅲ. ①JAVA语言－程序设计－高等职业教育－教材 Ⅳ. ①TP312

中国版本图书馆CIP数据核字(2015)第013031号

策划编辑：祝智敏　责任编辑：宋俊娥　加工编辑：宋　杨　封面设计：李　佳

书　名	高等职业教育精品示范教材（电子信息课程群） **Java Web 项目开发实训教程**
作　者	主　编　刘　嵩 副主编　李文蕙　李　唯　肖　英 主　审　罗保山
出版发行	中国水利水电出版社 （北京市海淀区玉渊潭南路1号D座　100038） 网址：www.waterpub.com.cn E-mail: mchannel@263.net（万水） 　　　　sales@waterpub.com.cn 电话：（010）68367658（发行部）、82562819（万水）
经　售	北京科水图书销售中心（零售） 电话：（010）88383994、63202643、68545874 全国各地新华书店和相关出版物销售网点
排　版	北京万水电子信息有限公司
印　刷	三河市航远印刷有限公司
规　格	184mm×240mm　16开本　7印张　150千字
版　次	2015年1月第1版　2021年6月第3次印刷
印　数	5001—6000册
定　价	18.00元

凡购买我社图书，如有缺页、倒页、脱页的，本社发行部负责调换

版权所有·侵权必究

高等职业教育精品示范教材(电子信息课程群)

丛书编委会

主　任　王路群

副主任　雷顺加　曹　静　江　骏　库　波

委　员　(按姓氏笔画排序)

于继武　卫振林　朱小祥　刘　芊

刘丽军　刘媛媛　杜文洁　李云平

李安邦　李桂香　沈　强　张　扬

罗　炜　罗保山　周福平　徐凤梅

梁　平　景秀眉　鲁　立　谢日星

鄢军霞　綦志勇

秘　书　祝智敏

序

为贯彻落实国务院印发的《关于加快发展现代职业教育的决定》，加快发展现代职业教育，形成适应发展需求、产教深度融合、中职高职衔接、职业教育与普通教育相互沟通的现代职业教育体系，我们在围绕中国职业技术教育学会研究课题的基础上，联合大批的一线教师和技术人员，共同组织出版"高等职业教育精品示范教材（电子信息课程群）"职业教育系列教材。

职业教育在国家人才培养体系中有着重要位置，以服务发展为宗旨，以促进就业为导向，适应技术进步和生产方式变革以及社会公共服务的需要，从而培养数以亿计的高素质劳动者和技术技能人才。紧紧围绕国家发展职业教育的指导思想和基本原则，编委会在调研、分析、实践等环节的基础上，结合社会经济发展的需求，设计并打造电子信息课程群的系列教材。本系列教材配合各职业院校专业群建设的开展，涵盖软件技术、移动互联、网络系统管理、软件与信息管理等专业方向，有利于建设开放共享的实践环境，有利于培养"双师型"教师团队，有利于学校创建共享型教学资源库。

本次精品示范系列教材的编写工作，遵循以下几个基本原则：

（1）体现就业为导向、产学结合的发展道路。学科和专业同步加强，按企业需要、岗位需求来对接培养内容。既反映学科的发展趋势，又能结合专业教育的改革，且及时反映教学内容和教学体系的调整更新。

（2）采用项目驱动、案例引导的编写模式。打破传统的以学科体系设置课程体系、以知识点为核心的框架，更多地考虑学生所学知识与行业需求及相关岗位、岗位群的需求相一致，坚持"工作流程化"、"任务驱动式"，突出"走向职业化"的特点，努力培养学生的职业素养、职业能力，实现教学内容与实际工作的高仿真对接，真正以培养技术技能型人才为核心。

（3）专家教师共建团队，优化编写队伍。由来自于职业教育领域的专家、行业企业专家、院校教师、企业技术人员协同组合编写队伍，跨区域、跨学校来交叉研究、协调推进，把握行业发展和创新教材发展方向，融入专业教学的课程设置与教材内容。

（4）开发课程教学资源，推进专业信息化建设。从充分关注人才培养目标、专业结构布局等入手，开发补充性、更新性和延伸性教辅资料，开发网络课程、虚拟仿真实训平台、工作过程模拟软件、通用主题素材库以及名师讲义等多种形式的数字化教学资源，建立动态、共享的课程教材信息化资源库，服务于系统培养技术技能型人才。

电子信息类教材建设是提高电子信息领域技术技能型人才培养质量的关键环节，是深化职业教育教学改革的有效途径。为了促进现代职业教育体系建设，使教材建设全面对接教学改革、行业需求，更好地服务区域经济和社会发展，我们殷切希望各位职教专家和老师提出建议，并加入到我们的编写队伍中来，共同打造电子信息领域的系列精品教材！

丛书编委会

2014 年 6 月

前言

对于很多初次接触 JSP/Servlet 的人来说，总是会问这样的问题"我该如何用它们来做点什么？"。对于大多数的 Java Web 学习者，对单个知识点的理解不存在问题，问题出在如何使用它们。另一方面，成熟企业不需要新人去做复杂的设计工作，那是架构师们的工作，他们对于新人技能方面的要求集中在能够根据项目的需求和设计文档将功能实现出来，即所谓的"coder"。而 coder 本身是一项重复的、熟能生巧的工作，同时 coder 也是程序员职业道路的起点。

本书面向高等职业教育计算机相关专业学生，以及那些掌握了 Java 语法、JSP/Servlet 基础，却对如何用它们做点什么不甚理解的读者。本书围绕一个精简版的社区宠物诊所项目展开，通过核心开发文档引导，按照功能模块的实现顺序组织章节，希望让读者感受到 coder 那种熟能生巧的编程感觉。本书具有以下特点：

1. 项目导向。结合学生特点，本书并没有选择功能庞大、界面炫丽的项目，而是选用一个精简的社区宠物诊所项目。因为对于初学者，知识运用是难点，功能太复杂反而是种负担。再庞大炫丽的项目其核心也不外乎知识点的灵活运用，在灵活运用之前还是得让学生知道如何用才行。

2. 文档引领。对于实训类型的书籍，贴近实际项目所使用的文档式风格会更合适。书中大量使用项目文档中的图、表进行描述，希望学生能够掌握 coder 理解文档并将其变成代码的技能。当然实际项目的文档内容会更加丰富，本书同样对文档内容进行了精简，只保留了帮助学生理解项目的核心部分。

3. 内容丰富。本书在功能设计时并没有局限在 JSP/Servlet 本身，而是以 MVC 模式的项目代码为基础，循序渐进地融入 Web 开发的相关技巧，如 CSS 布局、权限验证、AJAX 等。

本书由刘嵩担任主编，由李文蕙、李唯、肖英担任副主编，由罗保山担任主审，谢日星、董宁、陈丹参加了项目的设计工作。另外特别感谢武汉博彦科技有限公司刘艳琴为本书资源建设做了很多有益工作。

由于时间仓促，加之编者水平有限，书中不足和错误之处难以避免，恳请广大读者批评指正。

编 者

2014 年 10 月

目录

序
前言

任务一 宠物诊所项目概述 ·················· 1
  1.1 宠物诊所项目简介 ························ 1
  1.2 系统分析与总体设计 ······················ 2
    1.2.1 功能需求分析 ······················· 2
    1.2.2 系统功能结构 ······················· 3
  1.3 系统架构设计 ······························ 3
    1.3.1 实体模型设计 ······················· 3
    1.3.2 数据库设计 ·························· 5
    1.3.3 业务逻辑设计 ······················· 6
  1.4 开发环境搭建 ······························ 7
    1.4.1 安装 JDK ····························· 7
    1.4.2 安装 Tomcat ························ 10
    1.4.3 安装 MySQL ························ 11
    1.4.4 安装 Eclipse ······················ 14
    1.4.5 创建初始项目 ····················· 17
  任务拓展 ·· 19

任务二 宠物诊所基础功能实现 ·········· 20
  2.1 登录功能 ··································· 20
    2.1.1 用例描述及顺序图 ············· 20
    2.1.2 界面原型 ···························· 22
    2.1.3 功能编码 ···························· 27
  2.2 退出功能 ··································· 32
    2.2.1 用例描述及顺序图 ············· 32
    2.2.2 功能编码 ···························· 33
  2.3 输入乱码处理 ····························· 33
    2.3.1 POST 请求处理 ·················· 34
    2.3.2 GET 请求处理 ···················· 35
    2.3.3 设置过滤器处理输入中文乱码···· 35
  任务拓展 ·· 36

任务三 医生信息维护功能实现 ·········· 37
  3.1 医生查询功能 ····························· 37
    3.1.1 用例描述及顺序图 ············· 37
    3.1.2 界面原型 ···························· 38
    3.1.3 功能编码 ···························· 41
  3.2 医生信息添加功能 ······················ 43
    3.2.1 用例描述及顺序图 ············· 43
    3.2.2 界面原型 ···························· 44
    3.2.3 功能编码 ···························· 47
  任务拓展 ·· 51

任务四 客户信息维护功能实现 ·········· 52
  4.1 客户查询功能 ····························· 52
    4.1.1 用例描述及顺序图 ············· 52
    4.1.2 界面原型 ···························· 53
    4.1.3 功能编码 ···························· 57

- 4.2 客户信息查看功能 ·················· 59
  - 4.2.1 用例描述及顺序图 ············ 59
  - 4.2.2 界面原型 ···················· 60
  - 4.2.3 功能编码 ···················· 62
- 4.3 客户信息添加功能 ·················· 65
  - 4.3.1 用例描述及顺序图 ············ 65
  - 4.3.2 界面原型 ···················· 66
  - 4.3.3 功能编码 ···················· 68
- 任务拓展 ····························· 69
- 任务五 宠物信息维护功能实现 ·········· 70
  - 5.1 宠物信息添加功能 ················ 70
    - 5.1.1 用例说明及顺序图 ·········· 70
    - 5.1.2 界面原型 ·················· 72
    - 5.1.3 功能编码 ·················· 73
  - 5.2 宠物信息删除功能 ················ 76
    - 5.2.1 用例说明及顺序图 ·········· 76
    - 5.2.2 功能编码 ·················· 77
  - 5.3 宠物病历添加功能 ················ 78
    - 5.3.1 用例描述及顺序图 ·········· 78
    - 5.3.2 界面原型 ·················· 79
    - 5.3.3 功能编码 ·················· 81
- 5.4 宠物病历浏览功能 ·················· 84
  - 5.4.1 用例描述及顺序图 ············ 84
  - 5.4.2 界面原型 ···················· 85
  - 5.4.3 功能编码 ···················· 87
- 任务拓展 ····························· 88
- 任务六 提高安全性 ···················· 89
  - 6.1 访问权限控制 ···················· 89
    - 6.1.1 什么是访问权限控制 ········ 89
    - 6.1.2 简单控制实现 ·············· 90
  - 6.2 MD5 加密 ······················· 91
    - 6.2.1 什么是 MD5 加密 ············ 91
    - 6.2.2 应用加密 ·················· 92
  - 任务拓展 ··························· 93
- 任务七 宠物诊所综合实训 ·············· 94
  - 7.1 密码修改功能 ···················· 94
  - 7.2 客户宠物管理功能 ················ 95
- 任务八 加入一点 AJAX ················· 96
  - 8.1 AJAX 基础 ······················ 96
    - 8.1.1 AJAX 简介 ················· 96
    - 8.1.2 XMLHttpRequest 对象 ······· 97
  - 8.2 使用 AJAX 实现登录 ·············· 98

1

宠物诊所项目概述

本章要点

- 理解项目需求
- 理解项目设计
- 掌握开发环境搭建
- 掌握 Eclipse 的使用

1.1 宠物诊所项目简介

如今,饲养宠物的热潮正在我国的都市里悄悄兴起,随着宠物队伍的日益壮大,一个新兴的产业——宠物产业,也正如冰山浮出水面。这一产业的出现是人们生活水平改善后消费层次提高的结果。从世界范围看,宠物饲养并不是一朝一夕或某个国家、地区的个别现象,世界上许多国家的各个阶层的人们都饲养宠物。

宠物诊所近年来随着饲养宠物的热潮在国内逐步兴起,宠物诊所的信息化建设还刚刚起步,对于其管理主要还处于摸索阶段,市场也迫切需要一套规范化的管理软件去管理,从而提升宠物诊所的管理水平。

本书中使用的社区宠物诊所系统是经过简化后的宠物诊所管理系统,系统仅保留了最基本的数据管理功能,为的是让学习者将重点放在如何使用 Java Web 的知识实现业务功能,而不是去理解复杂的业务需求。

社区宠物诊所系统的初始版本必须实现以下功能:

- 能够对医生信息进行查询；
- 能够添加新的医生信息（姓名、专业）；
- 能够对客户信息进行查询；
- 能够查看客户的详细信息；
- 能够添加新的客户信息（姓名、电话、地址）；
- 能够添加新的宠物信息（姓名、生日、照片）；
- 能够删除宠物信息；
- 能够添加宠物的病历信息（病情描述、治疗方案、问诊时间）；
- 能够浏览宠物的病历信息。

除此以外，诊所的职员在使用系统提供的上述功能之前需要进行登录。当职员不需要使用系统的上述功能时，也可退出系统。

社区宠物诊所系统的初始版本功能全部是以诊所职员为主，考虑到将来需要为客户提供一个在线交流的问诊平台，系统还需要预留客户身份登录功能，并且对页面加入访问控制权限验证。

1.2 系统分析与总体设计

1.2.1 功能需求分析

需求分析需要对每个功能进行详细的描述，需求分析是以正确可行等标准对系统进行完整的需求说明。图 1-1 是社区宠物诊所系统的用例图。

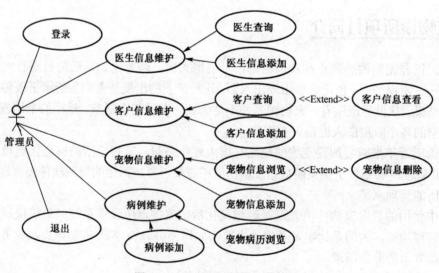

图 1-1 社区宠物诊所系统用例图

这里将系统的每个最基本的有价值的业务功能，如登录、医生信息维护等，称为用例。用例图中，使用一个椭圆表示用例，里面的文字描述了用例的名称。在图中使用一个"火柴人"表示管理员，称为用例的参与者，系统目前只有一个参与者。

为了读者学习方便，将用例图的详细说明分散到各个功能实现章节。

1.2.2 系统功能结构

社区宠物诊所系统的功能结构图如图 1-2 所示。

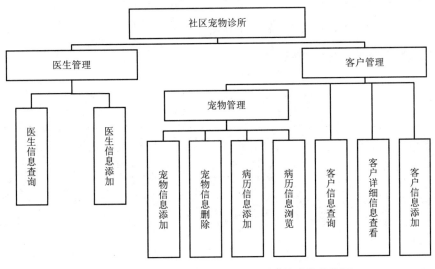

图 1-2　社区宠物诊所系统功能结构图

1.3　系统架构设计

1.3.1　实体模型设计

从需求中可以得出系统的如下关键抽象：兽医、专业特长、客户、宠物和宠物的访问等。这些实体可以设计为 JavaBean 类，例如宠物具有这些属性：名称、标识 ID、主人 ID、照片和出生日期等。宠物主人和宠物之间具有如下关系：一个宠物主人可以拥有多个宠物，每一个宠物属于一个主人；每一个宠物可能有到诊所多次就诊的病历；每个兽医具有多项专长，而同一专长可能有多个兽医。图 1-3 描述了系统的关键抽象，它们为系统中使用的实体类。

在设计用户类时，将管理员角色和客户角色合并成为一个实体类，通过 role 属性进行区分，如果 role 的值为 admin 表示管理员，如果 role 的值为 customer 表示客户。

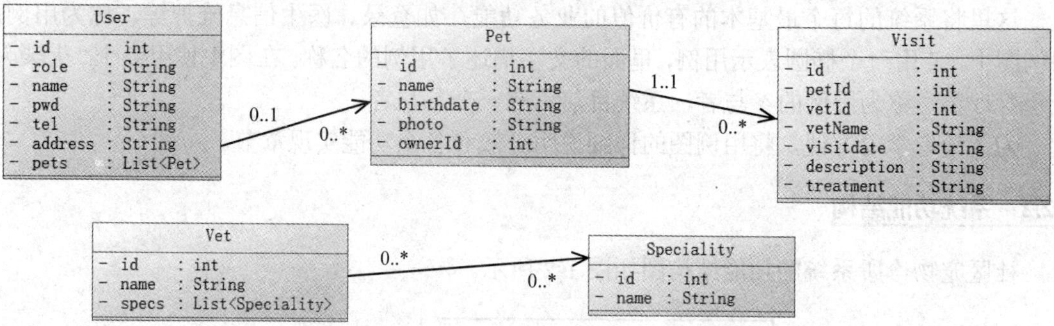

```
                User                                                                              Visit
  - id          : int                        Pet                                        - id        : int
  - role        : String         - id         : int                                     - petId     : int
  - name        : String         - name       : String                                  - vetId     : int
  - pwd         : String    0..1 - birthdate  : String    1..1                          - vetName   : String
  - tel         : String  ────── - photo      : String  ──────                          - visitdate : String
  - address     : String    0..*  - ownerId   : int       0..*                          - description: String
  - pets        : List<Pet>                                                             - treatment : String


                Vet                                           Speciality
  - id          : int                     0..*            - id    : int
  - name        : String        ──────────                - name  : String
  - specs       : List<Speciality>            0..*
```

图 1-3 实体类图

通过类图可以编写系统的实体类代码,例如:

【User.java】

```java
package ph.entity;

import java.util.ArrayList;
import java.util.List;

public class User {
    private int id;
    private String role;
    private String name;
    private String pwd;
    private String tel;
    private String address;
    private List<Pet> pets=new ArrayList<Pet>();
    public int getId() {
        return id;
    }
    public void setId(int id) {
        this.id = id;
    }
    public String getRole() {
        return role;
    }
    public void setRole(String role) {
        this.role = role;
    }
    public String getName() {
        return name;
    }
    public void setName(String name) {
        this.name = name;
    }
    public String getPwd() {
        return pwd;
```

```
    }
    public void setPwd(String pwd) {
        this.pwd = pwd;
    }
    public String getTel() {
        return tel;
    }
    public void setTel(String tel) {
        this.tel = tel;
    }
    public String getAddress() {
        return address;
    }
    public void setAddress(String address) {
        this.address = address;
    }
    public List<Pet> getPets() {
        return pets;
    }
    public void setPets(List<Pet> pets) {
        this.pets = pets;
    }
}
```

1.3.2 数据库设计

根据实体模型设计得到数据库设计如表 1-1 至表 1-6 所示。

表 1-1 用户表（t_user）

字段	类型	允许为空	约束	其他	说明
id	int	NO	PRI	auto_increment	主键
role	varchar(8)	NO			角色
name	varchar(32)	NO			用户名
pwd	varchar(32)	NO			密码
tel	varchar(16)	YES			电话
address	varchar(255)	YES			地址

表 1-2 医生表（t_vet）

字段	类型	允许为空	约束	其他	说明
id	int	NO	PRI	auto_increment	主键
name	varchar(32)	NO			医生名

表 1-3 专业表（t_speciality）

字段	类型	允许为空	约束	其他	说明
id	int	NO	PRI	auto_increment	主键
name	varchar(32)	NO			专业名

表 1-4 医生专业关系表（t_vet_speciality）

字段	类型	允许为空	约束	其他	说明
vetId	int	NO	FK		医生主键
specId	int	NO	FK		专业主键

表 1-5 宠物表（t_pet）

字段	类型	允许为空	约束	其他	说明
id	int	NO	PRI	auto_increment	主键
name	varchar(32)	NO			宠物名
birthdate	varchar(16)	NO			生日
photo	varchar(64)	NO			照片
ownerId	int	NO	FK		主人主键

表 1-6 病历表（t_visit）

字段	类型	允许为空	约束	其他	说明
id	int	NO	PRI	auto_increment	主键
petId	int	NO	FK		宠物主键
vetId	int	NO			医生主键
visitdate	varchar(10)	NO			日期
description	text	NO			病情描述
treatment	text	NO			治疗方案

1.3.3 业务逻辑设计

在社区宠物诊所系统中，通过 DAO 模式实现对数据访问的封装。DAO 模式是 Java 编程的一种常用模式，其主要思想是在业务处理逻辑和数据库之间增加一层数据访问代码。通过数据访问代码的连接可以实现业务处理核心代码和底层数据库之间的分离，降低耦合性。

在实际开发中，数据库的类型有很多种，比如常见的关系型数据库 SQL Server、Oracle 或者 MySQL。通过使用 DAO 模式，能够将数据库的实现细节完全封装在 DAO 代码中，业务代码在调用 DAO 的方法时完全不用关心底层数据库到底是何种类型，而只需要将注意力放在如何实现业务逻辑，需要访问数据库时调用 DAO 即可，如图 1-4 所示。

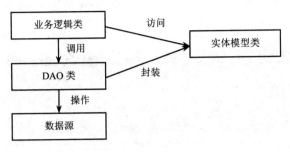

图 1-4 DAO 模式

1.4 开发环境搭建

1.4.1 安装 JDK

Java 目前被 Oracle 公司收购，下载 JDK 需要前往 http://www.oracle.com。在 Oracle 公司的官网首页点击 Downloads 下的 Java SE 菜单，如图 1-5 所示。

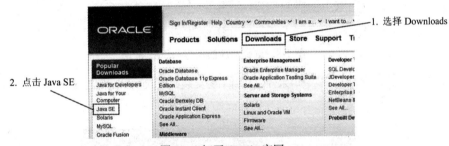

图 1-5 打开 Oracle 官网

在打开的页面中找到 JavaSe7 的下载，点击 JDK DOWNLOAD 按钮，如图 1-6 所示。

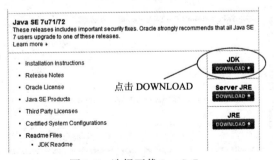

图 1-6 选择下载 JavaSe7

在打开的 JavaSe7 Development Kit 下载页面中首先选择接受协议,然后根据个人操作系统选择合适的版本下载,其中 x86 是基于 32 位操作系统,x64 是基于 64 位操作系统,如图 1-7、图 1-8 所示。

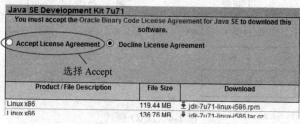

图 1-7　选择接受协议

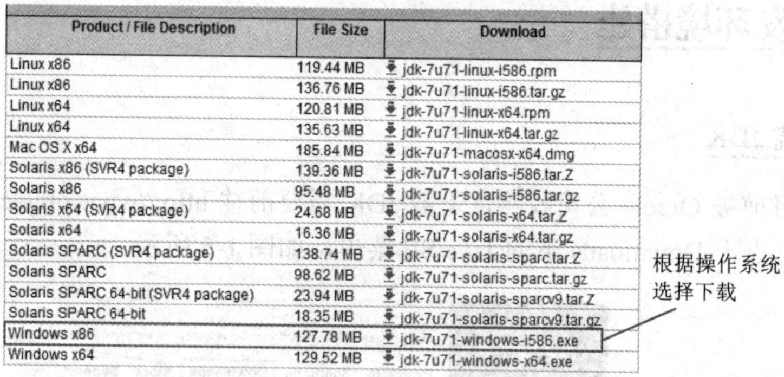

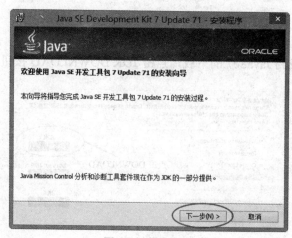

图 1-8　选择对应的操作系统版本

下载完毕后运行安装程序,如果不需要修改安装路径则可以点击【下一步】按钮直到安装结束,如图 1-9 所示。

图 1-9　安装 JDK

安装结束后要对环境变量进行配置,打开【系统属性】对话框,点击【环境变量】按钮,如图 1-10 所示。

图 1-10　配置环境变量

在弹出的【环境变量】对话框中点击【新建】按钮,如图 1-11 所示。

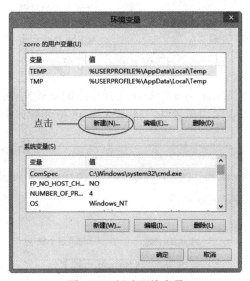

图 1-11　新建环境变量

在弹出的【新建用户变量】对话框中输入变量名 JAVA_HOME,变量值为实际的 JDK 安装路径,如 C:\Program Files\Java\jdk1.7.0_71。输入无误后点击【确定】按钮,如图 1-12 所示。

图 1-12　添加 JAVA_HOME 变量

1.4.2　安装 Tomcat

下载 Tomcat 文件，登陆网址 http://tomcat.apache.org/，在打开的页面中点击 Download 菜单下的 Tomcat7.0 选项，如图 1-13 所示。

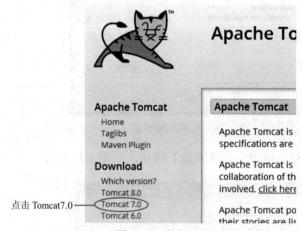

图 1-13　点击 Tomcat7.0 下载

在打开的下载页面中根据实际的操作系统选择合适的下载文件，Tomcat 下载文件分为解压版和安装版，解压版可以实现绿色安装，这里选择 32 位的解压版，如图 1-14 所示。

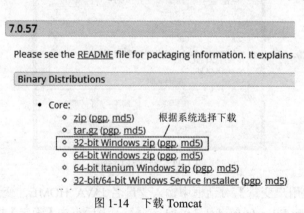

图 1-14　下载 Tomcat

下载完成后将 Tomcat 的内容解压到合适的目录下，解压完成后的结构如图 1-15 所示。

图 1-15 解压 Tomcat

如需单独运行 Tomcat 可以参考前面内容配置 TOMCAT_HOME 环境变量为 Tomcat 的解压路径，然后运行 bin 目录下的 startup.bat。

1.4.3 安装 MySQL

下载 MySQL 安装文件，登陆网址 http://www.mysql.com/downloads/mysql/，会出现下载列表，如图 1-16 所示，根据个人操作系统选择相应的下载项，笔者下载的是 Windows(x86,32-bit)，MSI Installer。

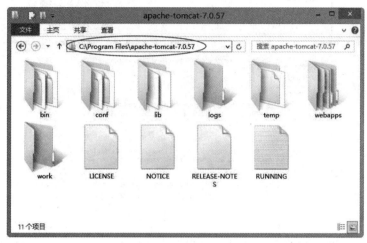

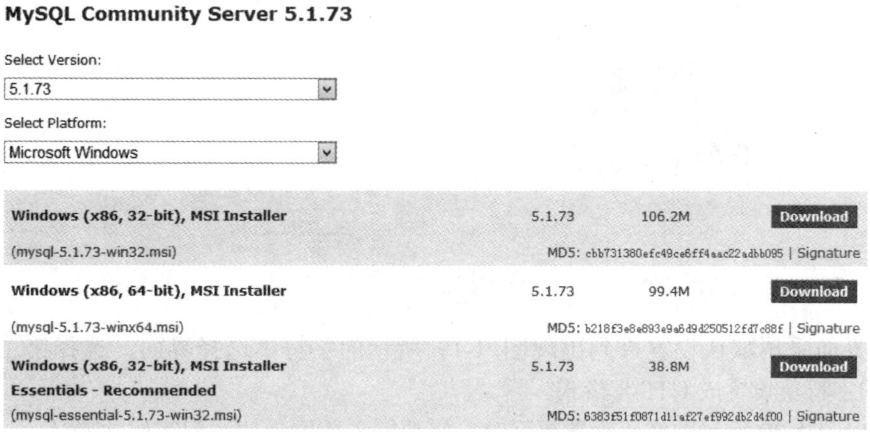

图 1-16 MySQL 下载列表

运行安装程序，弹出图 1-17 所示的安装类型选择界面，选择 Typical 安装。

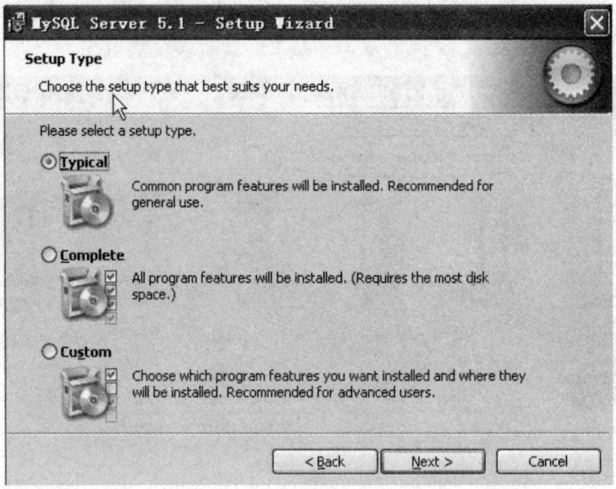

图 1-17 安装类型选择

安装结束后弹出图 1-18 所示的安装完毕界面，勾选 Configure the MySQL Server now 复选框后点击 Finish 按钮，打开 MySQL 配置界面。

图 1-18 安装完毕

配置界面采用默认设置直到出现图 1-19 所示的字符集选择界面，选择第二个选项将 MySQL 的字符集设置成 UTF-8 格式。

在弹出图 1-20 所示的密码设置界面时，需要输入数据库的访问密码并确认，这里笔者输入的是 123456。MySQL 的默认访问用户名是 root。

弹出图 1-21 所示的配置完毕界面时，如果没有出现错误信息表示配置完毕。

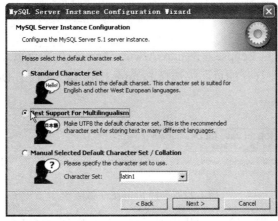

图 1-19　字符集选择

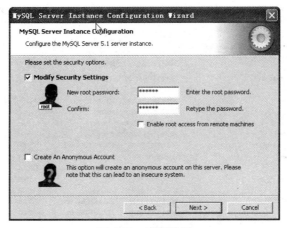

图 1-20　密码设置

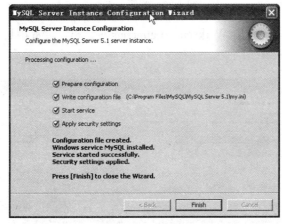

图 1-21　配置完毕

1.4.4　安装 Eclipse

下载 Eclipse 文件，登陆 Eclipse 官网 http://www.eclipse.org/，在首页点击右侧的 DOWNLOAD 图标，根据操作系统，在打开的页面中选择 Eclipse IDE for Java EE Developers 一栏后的下载链接，如图 1-22 所示。

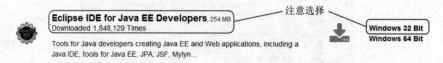

图 1-22　选择 Eclipse 下载版本

Eclipse 提供的是解压版下载，下载完毕后将文件解压到合适的目录下，如图 1-23 所示。

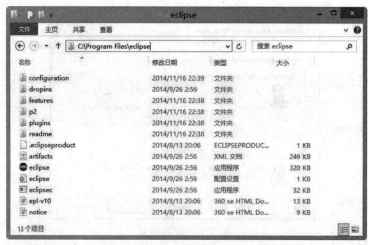

图 1-23　解压 Eclipse

执行 eclipse.exe 程序，弹出 Workspace Launcher 对话框，设置项目源代码的保存路径，如图 1-24 所示。

图 1-24　设置 Workspace

首次启动结束后需要设置 Eclipse 中的 Tomcat 服务器，点击 Window 菜单下的 Preferences 选项，如图 1-25 所示。

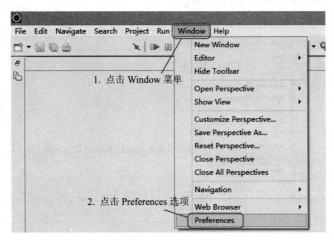

图 1-25　打开 Preferences

在打开的窗口左侧找到 Server→Runtime Environment 选项，然后点击右侧的 Add 按钮，如图 1-26 所示。

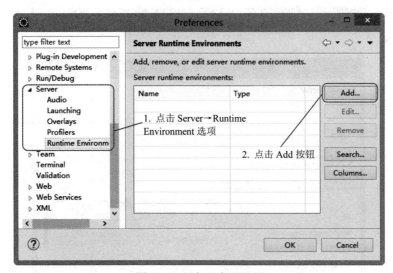

图 1-26　添加服务器设置

在打开的配置界面中选择 Apache Tomcat v7.0 选项点击 Next 按钮，如图 1-27 所示。

在配置界面中输入 Tomcat 的实际解压路径后点击 Finish 按钮，如图 1-28 所示，到此开发环境搭建完毕。

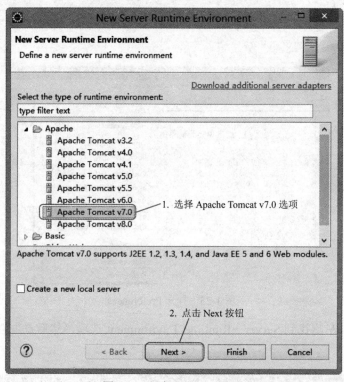

图 1-27　添加 Tomcat7 配置

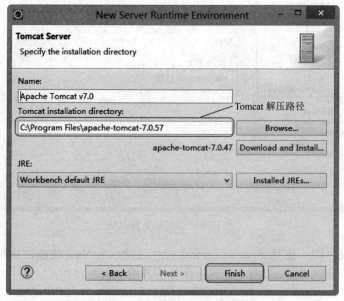

图 1-28　配置 Tomcat 路径

1.4.5 创建初始项目

使用 Eclipse 开发 Java Web 项目的步骤介绍如下。

点击 Eclipse 的【新建】按钮,在弹出的下拉列表中选择 Dynamic Web Project 选项,如图 1-29 所示。

图 1-29 新建项目

在弹出的新建界面中输入项目名,选择目标服务器 Target runtime 为 Apache Tomcat v7.0 选项,因为在后面代码中使用了 Servlet3.0 的新特性注解配置和文件上传,故将动态网页技术版本 Dynamic web module version 选中为 3.0,点击 Next 按钮,如图 1-30 所示。

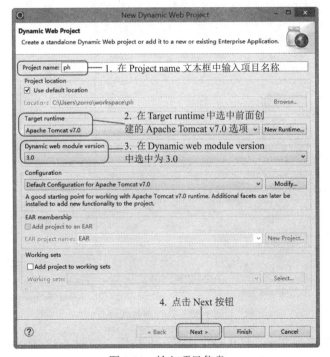

图 1-30 输入项目信息

后续内容不需要修改可以直接点击 Finish 按钮完成项目创建。

Eclipse 的项目 Java 文件放在 Java Resources 的 src 下，网页文件根目录在 WebContent 目录下，如图 1-31 所示。

图 1-31　项目代码结构

在 WebContent 下创建 index.jsp 文件并保存，要想执行项目代码，需选中项目跟文件夹并右击，在弹出的快捷菜单中选择 Debug As 或者 Run As 选项，这两个选项的区别在于 Debug As 可以使用断点调试项目代码，点击 Debug/Run on Server 选项，如图 1-32 所示。

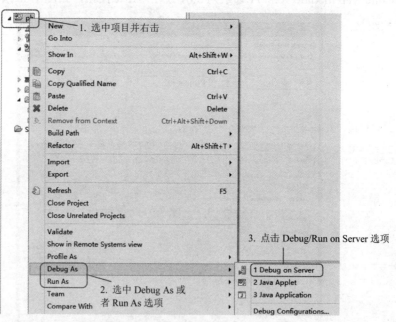

图 1-32　执行项目代码

在弹出的界面中选择 Tomcat7.0 并点击 Finish 按钮，如图 1-33 所示。如果出现如图 1-34 所示界面就表示项目执行成功。

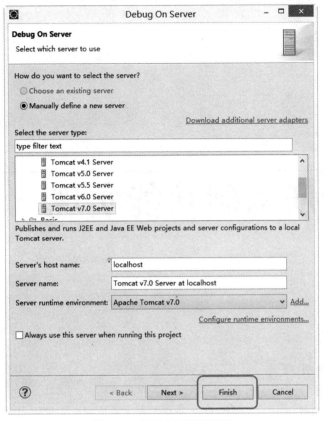

图 1-33　调试执行项目代码

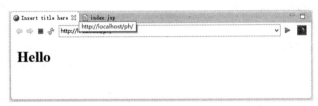

图 1-34　执行成功

任务拓展

1. 搭建社区宠物诊所系统所需要的开发环境。
2. 创建社区宠物诊所系统的数据库及表结构。
3. 创建初始项目代码。
4. 根据图 1-3 完成系统实体类代码。

2 宠物诊所基础功能实现

本章要点

- 理解用例说明
- 理解时序图
- 掌握 CSS 编程
- 掌握 Serlvet3.0 注解
- 掌握 JSP/Servlet 开发方法
- 掌握 Filter 开发方法
- 掌握 JDBC 编程技巧

2.1 登录功能

2.1.1 用例描述及顺序图

用户登录功能的用例描述如表2-1所示。

表2-1 用户登录用例描述

用例名称：用户登录
用例标示编号：01
参与者：系统用户

续表

简要说明：用户通过登录界面输入登录信息进行登录验证
前置条件：未登录用户
基本事件流： 1．用户在登录界面中输入用户名称、密码及验证码，点击"登录"按钮提交验证 2．系统验证登录信息 3．验证通过跳转到对应权限管理首页，显示"登录成功"
其他事件流： 1．验证码输入错误时返回登录界面提示"验证码输入错误" 2．用户名没有找到时返回登录界面提示"用户名存在" 3．密码验证失败时返回登录界面提示"密码错误"
异常事件流： 数据库出现异常时返回登录界面提示异常信息
后置条件：用户登录信息存入 session

根据用例描述画出用户登录功能的顺序图如图 2-1 所示，用户登录顺序图的描述如表 2-2 所示。

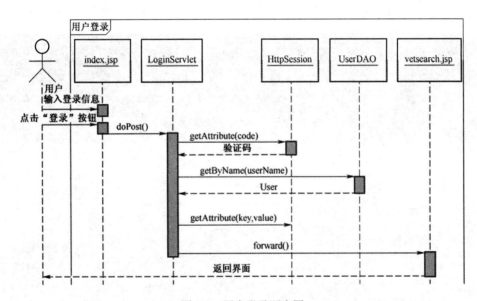

图 2-1 用户登录顺序图

表 2-2 用户登录顺序图描述

编号	类名或文件名	功能描述
1	index.jsp	JSP 页面，显示登录界面
2	LoginServlet	Servlet，处理用户的登录请求

续表

编号	类名或文件名	功能描述
3	UserDAO	DAO 类，其 getByName 方法负责访问 t_user 表，根据用户名返回 User 对象
4	HttpSession	Http 会话，用来存储验证码以及登录后的用户信息

2.1.2 界面原型

为了方便给客户进行原型展示，建议在进行界面原型编码时尽量避免出现动态语言代码，即避免出现 JSP 标签。完成原型设计时采用的是纯静态语言 HTML+CSS，在后期加入后台逻辑时将这些原型稍做修改就能得到需要的 JSP 代码。为方便读者阅读本书，仅在本章节界面部分代码使用 HTML，后续章节界面代码为 JSP。

为了提高样式表的重用性，这里将样式文件单独保存到 styles.css 文件中供其他页面引用。登录页面由 index.html 和 styles.css 共同构成。

用户登录功能的界面原型主要由登录界面和登录失败或成功后的管理员首页构成，如图 2-2 至图 2-4 所示。

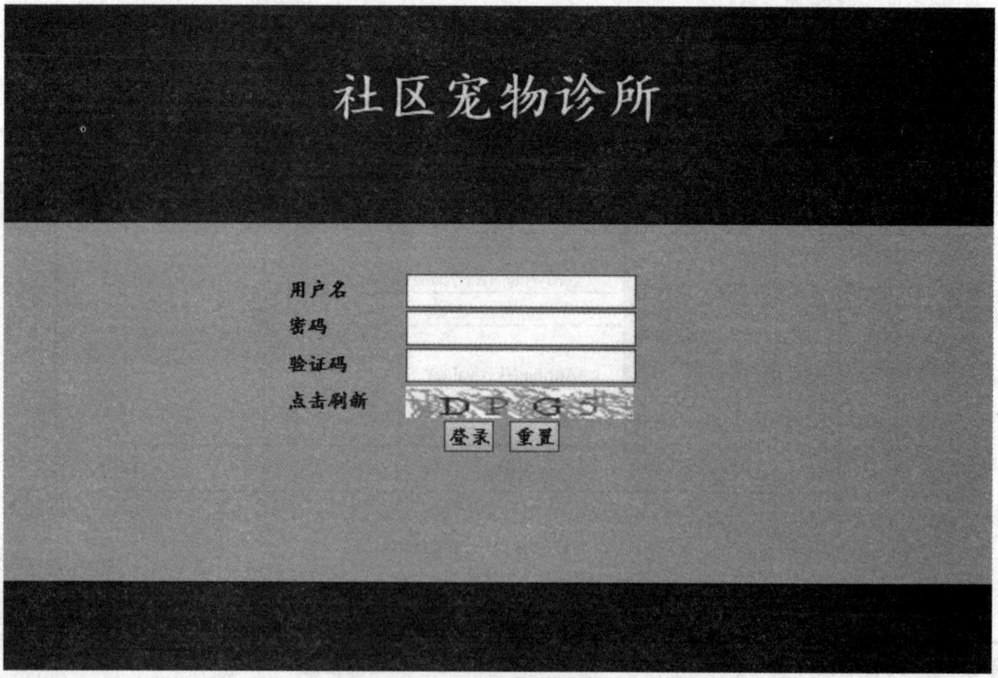

图 2-2 登录界面

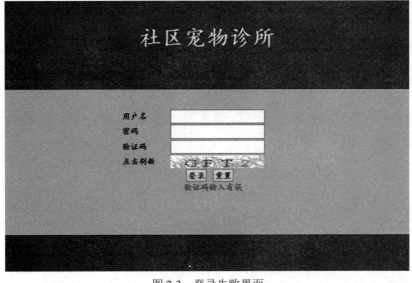

图 2-3 登录失败界面

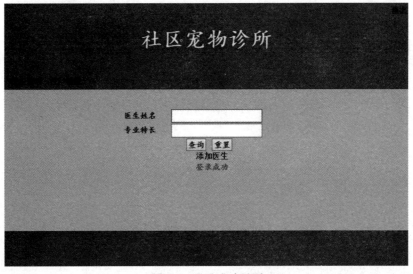

图 2-4 登录成功界面

【index.html】

```
<!DOCTYPE html PUBLIC "-//W3C//DTD HTML 4.01 Transitional//EN""http://www.w3.org/TR/html4/loose.dtd">
<html>
<head>
    <meta http-equiv="Content-Type" content="text/html; charset=UTF-8">
    <base href="http://localhost:80/ph/">
    <link rel="stylesheet" href="styles.css">
    <title>首页</title>
```

```html
</head>
<body>
    <div id="container">
        <div id="header">
            <h1>社区宠物诊所</h1>
        </div>
        <div id="content">
            <form action="LoginServlet" method="post">
                <table>
                    <tr>
                        <td>用户名</td>
                        <td><input type="text" name="name"/></td>
                    </tr>
                    <tr>
                        <td>密码</td>
                        <td><input type="password" name="pwd"/></td>
                    </tr>
                    <tr>
                        <td>验证码</td>
                        <td><input type="text" name="checkcode"/></td>
                    </tr>
                    <tr>
                        <td>点击刷新</td>
                        <td><input type="image" name="img-code" id="img-code"
                            alt="看不清，点击换图" src="CheckCode"
                            onclick="javascript:this.src='CheckCode?+rand=Math.random()'"></td>
                    </tr>
                    <tr class="cols2">
                        <td colspan="2"><input type="submit" value="登录" /><input
                            type="reset" value="重置" /></td>
                    </tr>
                    <tr class="cols2">
                        <td colspan="2" class="info"></td>
                    </tr>
                </table>
            </form>
        </div>
        <div id="footer"></div>
    </div>
</body>
</html>
```

【vetsearch.html】

```html
<!DOCTYPE html PUBLIC "-//W3C//DTD HTML 4.01 Transitional//EN""http://www.w3.org/TR/html4/loose.dtd">
<html>
<head>
<meta http-equiv="Content-Type" content="text/html; charset=UTF-8">
<base href="http://localhost:80/ph/">
<link rel="stylesheet" href="styles.css">
<title>医生管理</title>
```

```html
</head>
<body>
    <div id="container">
        <div id="header">
            <a id="quit" href="QuitServlet">退出</a>
            <h1>社区宠物诊所</h1>
            <ul id="menu">
                <li><a href="vetsearch.jsp">医生管理</a></li>
                <li><a href="customersearch.jsp">客户管理</a></li>
            </ul>
        </div>
        <div id="content">
            <form action="VetServlet?m=search" method="post">
                <table>
                    <tr>
                        <td>医生姓名</td>
                        <td><input type="text" name="vetName"/></td>
                    </tr>
                    <tr>
                        <td>专业特长</td>
                        <td><input type="text" name="specName"/></td>
                    </tr>

                    <tr class="cols2">
                        <td colspan="2"><input type="submit" value="查询" /><input
                            type="reset" value="重置" /></td>
                    </tr>
                    <tr class="cols2">
                        <td colspan="2"><a href="VetServlet?m=toAdd">添加医生</a></td>
                    </tr>
                    <tr class="cols2">
                        <td colspan="2" class="info">登录成功</td>
                    </tr>
                </table>
            </form>
        </div>
        <div id="footer"></div>
    </div>
</body>
</html>
```

【styles.css】

```css
* {
    margin: 0px;
    padding: 0px;
    font-family: '宋体';
    font-size: small;
    font-weight: bold;
}
#container {
```

```css
        margin: 0 auto;
        width: 95%;
        height: 100%;
}
#header {
        position: relative;
        height: 140px;
        background-color: blue;
}
a {
        color: black;
        text-decoration: none;
}
a:hover {
        color: red;
        text-decoration: underline;
}
select {
        width: 150px;
}
#quit {
        float: right;
        padding-top: 5px;
        padding-right: 10px;
}
#menu {
        position: absolute;
        bottom: 5px;
}
#menu li {
        float: left;
        margin-left: 10px;
        list-style: none;
}
#header h1 {
        margin: 0 auto;
        width: 240px;
        padding-top: 40px;
        color: yellow;
        font-size: 36px;
}
#content {
        *height: 300px; /*ie6 ie7 生效*/
        min-height: 300px; /*ie7 ff 生效*/
        *height: auto !important; /*修正 ie7 下 height:100px 为自动高度*/
        padding-top: 60px;
        background-color: silver;
}
#content table {
        width: 300px;
```

```css
        margin: 0 auto;
}
#content table.wide {
        width: 400px;
        margin: 0 auto;
}
#content table.wide td {
        vertical-align: middle;
        width: auto;
}
#content thead td {
        text-align: center;
}
#content td {
        margin: 0 auto;
}
#content input {
        height: 20px;
        width: 150px;
}
#content .cols2 ,#content .cols4{
        text-align: center;
}
#content .cols2 input {
        width: auto;
        padding: 2px;
        margin-right: 10px;
}
#content .result {
        background: white;
        text-align: center;
}
#content .result a {
        color: blue;
}
#content .info {
        color: red;
        margin: 0 auto;
}
#footer {
        height: 60px;
        background-color: blue;
}
```

2.1.3 功能编码

【UserDAO.java】

```java
package ph.dao;
```

```java
import java.sql.Connection;
import java.sql.DriverManager;
import java.sql.PreparedStatement;
import java.sql.ResultSet;
import java.util.ArrayList;
import java.util.List;
import ph.entity.User;

public class UserDAO {
    public User getByName(String name) throws Exception {
        User user = null;
        Connection con = null;
        PreparedStatement ps = null;
        ResultSet rs = null;
        try {
            Class.forName("com.mysql.jdbc.Driver");
            con = DriverManager.getConnection("jdbc:mysql://localhost:3306/ph",
                    "root", "123456");
            ps = con.prepareStatement("select * from t_user as u where u.name=?");
            ps.setString(1, name);
            rs=ps.executeQuery();
            if (rs.next()) {
                user = new User();
                user.setId(rs.getInt("id"));
                user.setRole(rs.getString("role"));
                user.setName(rs.getString("name"));
                user.setPwd(rs.getString("pwd"));
            }
        } catch (Exception e) {
            e.printStackTrace();
            throw new Exception("数据库访问出现异常:" + e);
        } finally {
            if (rs != null)
                rs.close();
            if (ps != null)
                ps.close();
            if (con != null)
                con.close();
        }
        return user;
    }
}
```

在 Servlet3.0 中可以使用 javax.servlet.annotation.WebServlet 注解在代码中直接对 Servlet 映射进行配置，无需书写<servlet>和<servlet-mapping>配置文件。

@WebServlet("/LoginServlet")
public class LoginServlet extends HttpServlet

这段代码将类 LoginServlet 映射到了/LoginServlet 请求。

【LoginServlet.java】

```java
package ph.servlet;

import java.io.IOException;
import javax.servlet.ServletException;
import javax.servlet.annotation.WebServlet;
import javax.servlet.http.HttpServlet;
import javax.servlet.http.HttpServletRequest;
import javax.servlet.http.HttpServletResponse;
import ph.dao.UserDAO;
import ph.entity.User;

@WebServlet("/LoginServlet")
public class LoginServlet extends HttpServlet {

    protected void doPost(HttpServletRequest request,
            HttpServletResponse response) throws ServletException, IOException {
        String url = null;
        String msg = null;
        String realcode = request.getSession(true).getAttribute("realcode")
                .toString();
        String inputcode = request.getParameter("checkcode");
        if (realcode.equalsIgnoreCase(inputcode)) {
            UserDAO userDAO = new UserDAO();
            try {
                User user = userDAO.getByName(request.getParameter("name"));
                if (user == null) {
                    url = "/index.jsp";
                    msg = "用户名不存在";
                } else if (!user.getPwd().equals(request.getParameter("pwd"))) {
                    url = "/index.jsp";
                    msg = "密码错误";
                } else {
                    request.getSession(true).setAttribute("user", user);
                    if(user.getRole().equals("admin")){
                        url = "/vetsearch.jsp";
                    }else if(user.getRole().equals("customer")){
                        url="/custindex.jsp";
                    }
                    msg = "登录成功";
                }
            } catch (Exception e) {
                url = "/index.jsp";
                msg = e.toString();
            }
        } else {
            url = "/index.jsp";
            msg = "验证码输入有误";
        }
```

```
            request.setAttribute("msg", msg);
            request.getRequestDispatcher(url).forward(request, response);
    }
}
```

【CheckCode.java】

```
package ph.utils;
/**验证码实现思路：在 Servlet 中随机产生验证码字符序列，并计入 session 中，JSP 中以图片的形式进行显示。当用
户在 JSP 表单中输入验证码并提交时，在相应的 Servlet 中验证是否与 session 中保存的验证码一致。
*/
import java.awt.*;
import java.awt.image.BufferedImage;
import java.util.Random;
import javax.imageio.ImageIO;
import javax.servlet.ServletException;
import javax.servlet.ServletOutputStream;
import javax.servlet.annotation.WebServlet;
import javax.servlet.http.HttpServlet;
import javax.servlet.http.HttpServletRequest;
import javax.servlet.http.HttpServletResponse;
import javax.servlet.http.HttpSession;
//注释配置 Servlet
@WebServlet("/CheckCode")
public class CheckCode extends HttpServlet {
    private static final long serialVersionUID = 1L;
    private int width = 80; //验证码图片的默认宽度
    private int height = 20; //验证码图片的默认高度
    private int codeCount = 4; //验证码图片的字符数
    private int x = 16;
    private int fontHeight=16;
    private int codeY=18;
    private final char[] codeSequence = { 'A', 'B', 'C', 'D', 'E', 'F', 'G',
        'H', 'I', 'J', 'K', 'L', 'M', 'N', 'O', 'P', 'Q', 'R', 'S', 'T',
        'U', 'V', 'W', 'X', 'Y', 'Z', '0', '1', '2', '3', '4', '5', '6',
        '7', '8', '9' };

    protected void doGet(HttpServletRequest request,
        HttpServletResponse response) throws ServletException,
        java.io.IOException {
    //构造一个类型为预定义图像类型之一的 BufferedImage，设置图像的宽、高和类型（TYPE_INT_RGB）
    BufferedImage Img = new BufferedImage(width, height,
        BufferedImage.TYPE_INT_RGB);

    //返回 Graphics2D，Graphics2D 类扩展自 Graphics 类，以提供对几何形状、坐标转换、颜色管理和文本布局更为
复杂的控制
    Graphics g = Img.getGraphics();

    Random random = new Random();
    //将图像填充为白色
```

```java
g.setColor(Color.WHITE);
//填充指定的矩形。x、y 坐标均为 0，宽为 width，高为 height
g.fillRect(0, 0, width, height);
//创建字体，字体的大小应该根据图片的高度来定
Font font = new Font("Times new Roman", Font.PLAIN, fontHeight);

g.setColor(Color.black);
g.setFont(font);
Color juneFont = new Color(153, 204, 102);
//随机产生 130 条干扰线，不易被其他程序探测
g.setColor(juneFont);
for (int i = 0; i < 130; i++) {

    //返回伪随机数
    int x= random.nextInt(width);
    int y = random.nextInt(height);
    int xl = random.nextInt(16);    //80/5=16
    int yl = random.nextInt(16);
    //在此图形上下文的坐标系中，使用当前颜色在点(x1, y1)和(x2, y2)之间画一条线
    g.drawLine(x, y, x + xl, y + yl);

}
//randomCode 用于保存随机产生的验证码，以便用户登录后进行验证，线程安全的可变字符序列
StringBuffer randomCode = new StringBuffer();
//随机产生 codeCount 数字的验证码
for (int i = 0; i < codeCount; i++) {
    //返回 char 参数的字符串表示形式
    String strRand = String.valueOf(codeSequence[random.nextInt(36)]);

    //用随机产生的颜色将验证码绘制到图像中
    //创建具有指定红色、绿色和蓝色值的不透明的 sRGB 颜色，这些值都在(0-255)的范围内
    g.setColor(new Color(20 + random.nextInt(110), 20 + random
      .nextInt(110), 20 + random.nextInt(110)));

    //使用此图形上下文的当前字体和颜色绘制由指定 string 给定的文本。最左侧字符的基线位于此图形上下文坐标
系的(x, y)位置处
    g.drawString(strRand, (i + 1) * x-4, codeY);
    randomCode.append(strRand);
}
HttpSession session = request.getSession(); //将四位数字的验证码保存到 Session 中
session.setAttribute("realcode", randomCode.toString());
//禁止浏览器缓存
response.setHeader("Pragma", "no-cache");           //HTTP    1.0
response.setHeader("Cache-Control", "no-cache");    //HTTP    1.1
response.setDateHeader("Expires", 0);       //在代理服务器端防止缓冲
response.setContentType("image/gif");       //设置正被发往客户端的响应的内容类型

//将图像输出到 Servlet 输出流中，ServletOutputStream 提供了向客户端发送二进制数据的输出流
ServletOutputStream sos = response.getOutputStream();
ImageIO.write(Img, "gif", sos);             //使用支持给定格式的任意 ImageWriter，将一个图像写入 OutputStream
```

```
    sos.flush();           //刷新此输出流并强制写出所有缓冲的输出字节
    sos.close();
  }
}
```

2.2 退出功能

2.2.1 用例描述及顺序图

用户退出功能的用例描述如表 2-3 所示。

表 2-3　用户退出用例描述

用例名称：用户退出
用例标示编号：02
参与者：系统用户
简要说明：已登录用户通过退出链接销毁登录信息
前置条件：用户已登录
基本事件流： 用户在界面中点击退出链接 系统销毁登录信息 跳转到登录页面，显示"退出成功"
其他事件流：无
异常事件流：无
后置条件：用户退出登录状态

根据用例描述画出用户退出功能的顺序图如图 2-5 所示，用户退出顺序图的描述如表 2-4 所示。

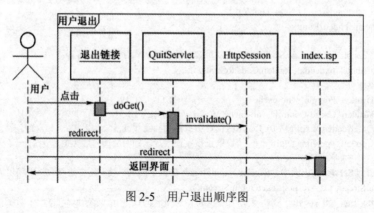

图 2-5　用户退出顺序图

表 2-4　用户退出顺序图描述

编号	类名或文件名	功能描述
1	index.jsp	JSP 页面，显示登录界面
2	QuitServlet	Servlet，处理用户的退出请求
3	HttpSession	Http 会话，存放用户登录信息

2.2.2　功能编码

在后台页面中修改退出链接的地址指向 QuitServlet，由于超级链接的请求方式是 Get 方式，所以需要完成 QuitServlet 的 doGet()方法。

【QuitServlet.java】

```java
package ph.servlet;

import java.io.IOException;
import javax.servlet.ServletException;
import javax.servlet.annotation.WebServlet;
import javax.servlet.http.HttpServlet;
import javax.servlet.http.HttpServletRequest;
import javax.servlet.http.HttpServletResponse;

@WebServlet("/QuitServlet")
public class QuitServlet extends HttpServlet {
    protected void doGet(HttpServletRequest request, HttpServletResponse response) throws ServletException, IOException
    {
        request.getSession(true).invalidate();
        response.sendRedirect("index.jsp");
    }
}
```

2.3　输入乱码处理

　　Java 代码通过 Java 虚拟机（JVM）实现了跨平台运行，为了在不同的平台上得到相同的显示结果，Java 在其内部使用 Unicode 字符集来表示字符，这样就存在 Unicode 字符集（JVM 内部编码）和本地字符集（实际的文字）进行转换的过程。Java 代码读取字符数据时，需要将本地字符集编码的数据转换为 Unicode 编码，而在通过 Java 代码向输出流输出字符数据时，则需要将 Unicode 编码转换为本地字符集编码。

　　由于有着多种不同的字符集，同时不同的字符集编码范围也存在差异，因此字符在转换时可能出现乱码。Java 不同字符集编码的转换，是通过 Unicode 编码作为中介来完成的。当从 Unicode 编码向某个字符集转换时，如果转换后的结果超出了该字符集的范围就会出现乱码。

　　在一个使用了数据库的 Web 应用程序中，乱码可能会在多个环节产生。由于浏览器会根据本地系统默认的字符集来提交数据，而 Web 容器默认采用的是 ISO-8859-1 的编码方式解析 POST 数据，在浏览器提交中文数据后，Web 容器会按照 ISO-8859-1 字符集来解码数据，而 ISO-8859-1 字符集编码范围不能够容下中文字符，所以在这一环节会导致乱码的产生。另外，由于大多数数据库的 JDBC 驱动程序默认采用 ISO-8859-1 的编码方式在 Java 程序和数据库之间传递数据，故程序在向数据库中存储包含中文的数据时，JDBC 驱动首先将程序内部的 Unicode 编码格式的数据转化为 ISO-8859-1 的格式，然后传递到数据库中，在这一环节也可能会导致乱码的产生。

关于 JSP 页面中的 pageEncoding 和 contentType 两种属性的区别：pageEncoding 是 JSP 文件本身的编码，contentType 的 charset 是指服务器发送给客户端时的内容编码。

JSP 页面从请求执行到结果显示分为三个阶段：

第一阶段是 JSP 编译成 Java。它会根据 pageEncoding 的设定读取 JSP，结果是由指定的编码方案翻译成统一的 UTF-8 JAVA 源码（即.java），如果 pageEncoding 设定错误，或没有设定，出来的就是中文乱码。因此如果 JSP 页面中包含中文 HTML 文本，就需要对 pageEncoding 进行设置，否则在转化过程就会出现乱码。

第二阶段是通过 JAVAC 命令编译得到.class。.java 到.class 的过程采用的是 UTF-8 的编码方式。

第三阶段是 Web 容器载入和执行阶段二得到的 class 输出的结果，也就是在客户端见到的，这时 contentType 就发挥作用。

综上所述，Web 应用程序的乱码主要出现在两个地方：页面传递中文参数到 JSP/Servlet 的过程以及 JSP/Servlet 通过 JDBC 将中文保存到数据库的过程。其中数据库部分的乱码比较好处理，在数据库建表时指定保存数据的编码方式为支持中文的编码，或者通过数据库的配置文件指定默认的编码方式为支持中文的编码（详见"环境搭建数据库配置"相关部分内容），这里推荐使用 UTF-8 编码。GBK 包含全部中文字符，UTF-8 编码则是用以解决国际上字符的一种多字节编码，它对英文使用 8 位（即一个字节）、中文使用 24 位（三个字节）来编码。对于英文字符较多的论坛使用 UTF-8 以节省空间。

页面传递中文参数部分的乱码处理方式又根据请求方式不同而有所区别。

2.3.1 POST 请求处理

POST 方式的请求参数是通过将参数封装到请求消息正文中进行传递的，这种方式请求的乱码处理主要分为两个部分，分别介绍如下：

1. 在 JSP 中设置编码方式

<%@ page language="java" contentType="text/html; charset=utf-8"pageEncoding="utf-8"%>

2. 从请求对象中取参数前设置编码方式

request.setCharacterEncoding("utf-8");

在 JSP/Servlet 通过 HttpServletRequest 对象调用 getParameter()方法，取得 POST 方式传递

的参数值之前调用 setCharacterEncoding()方法，如果顺序颠倒了还是会产生乱码，例如下面的代码 param 的值如果是中文会出现乱码：

```
String param=request.getParameter("param");
request.setCharacterEncoding("utf-8");
```

2.3.2　GET 请求处理

GET 方式的请求参数是通过 URL 传递参数值，比如通过超级链接传递参数。这种方式的中文乱码处理也分两个步骤，分别介绍如下：

1. 在需要传递中文的地方将本地字符编码

```
<a href="Test?key=<%=URLEncoder.encode("中文","utf-8") %>">测试</a>
```

具体的做法是使用 URLEncoder 的 encode()方法，第一个参数是需要编码的本地字符，第二个参数是编码方式。经过 encode 方法编码后，"中文"变成"%E4%B8%AD%E6%96%87"在地址栏中传输。

2. 修改 Tomcat 的 Server.xml 文件

打开 Tomcat 的 Server.xml 文件找到如下代码，其中的 port 的值也可能是 8080 或者其他用户自定义的 HTTP 请求端口：

```
<Connector connectionTimeout="20000" port="80" protocol="HTTP/1.1" redirectPort="8443"/>
```

在其中加入 URIEncoding 属性并且将值设置为 UTF-8，与第一步保持一致。

```
<Connector URIEncoding="UTF-8" connectionTimeout="20000" port="80" protocol="HTTP/1.1" redirectPort="8443"/>
```

这样做完后就能够处理 GET 方式提交的中文乱码。

2.3.3　设置过滤器处理输入中文乱码

使用 POST 方式进行乱码处理时，每次在 Servlet 的方法中取值之前需调用 setCharacter-Encoding()，这样使代码显得很臃肿，因此可以使用过滤器来完成相同的工作。

【EncodingFilter.java】

```java
package ph.utils;
import java.io.IOException;
import javax.servlet.Filter;
import javax.servlet.FilterChain;
import javax.servlet.FilterConfig;
import javax.servlet.ServletException;
import javax.servlet.ServletRequest;
import javax.servlet.ServletResponse;
import javax.servlet.annotation.WebFilter;
import javax.servlet.http.HttpServletRequest;

@WebFilter("/*")
public class EncodingFilter implements Filter {

    public void destroy() {
        System.out.println("中文编码验证过滤器销毁");
```

```
    }
    public void doFilter(ServletRequest request, ServletResponse response,
            FilterChain chain) throws IOException, ServletException {
        request.setCharacterEncoding("utf-8");
        chain.doFilter(request, response);
    }
    public void init(FilterConfig fConfig) throws ServletException {
        System.out.println("中文编码过滤器启动");
    }
}
```

任务拓展

1. 实现登录界面、管理员首页界面原型。
2. 实现用户登录功能。
3. 实现用户退出功能。
4. 加入乱码处理功能。

3

医生信息维护功能实现

- 理解用例说明
- 理解时序图
- 掌握 JSP/Servlet 开发方法
- 掌握 JDBC 编程技巧

3.1 医生查询功能

3.1.1 用例描述及顺序图

医生查询功能的用例描述如表 3-1 所示。

表 3-1 医生查询用例描述

用例名称：医生查询	
用例标示编号：03	
参与者：管理员用户	
简要说明：管理员根据姓名及专业信息查询医生	
前置条件：用户已登录，身份为管理员	

基本事件流：
1．管理员在医生查询界面输入医生姓名及专业，点击查询
2．系统查询医生信息
3．跳转到医生查询结果页面，显示医生、专业列表

其他事件流：如果没有找到相关医生信息，返回医生查询界面提示"没有找到相关医生信息"

异常事件流：如果出现异常，返回医生查询界面提示异常信息

后置条件：无

根据用例描述画出医生查询功能的顺序图及其描述如图3-1、表3-2所示。

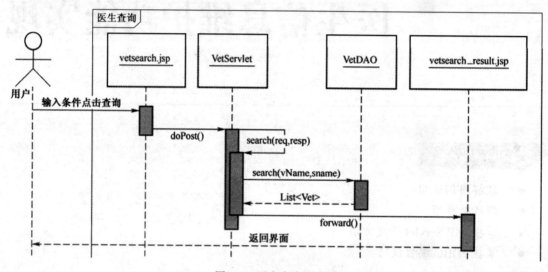

图3-1　医生查询顺序图

表3-2　医生查询顺序图描述

编号	类名或文件名	功能描述
1	vetsearch.jsp	JSP 页面，显示医生查询界面
2	VetServlet	Servlet，处理用户的请求
3	VetDAO	DAO 类，search 方法根据医生名和专业名返回符合条件的医生集合
4	vetsearch_result.jsp	JSP 页面，显示医生查询结果界面

3.1.2　界面原型

医生查询功能主要由查询信息输入界面和查询结果显示界面构成，如图3-2至图3-4所示。

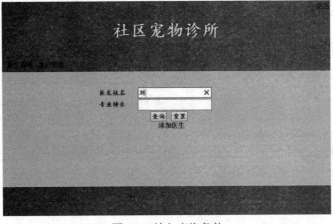

图 3-2　输入查询条件

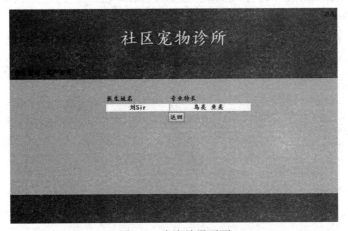

图 3-3　查询结果页面

图 3-4　查找无结果显示

【vetsearch_result.jsp】

```jsp
<%@page import="ph.entity.Speciality"%>
<%@page import="ph.entity.Vet"%>
<%@page import="java.util.List"%>
<%@ page language="java" contentType="text/html; charset=UTF-8"
    pageEncoding="UTF-8"%>
<%
    String path = request.getContextPath();
    String basePath = request.getScheme() + "://"
            + request.getServerName() + ":" + request.getServerPort()
            + path + "/";
%>
<!DOCTYPE html PUBLIC "-//W3C//DTD HTML 4.01 Transitional//EN""http://www.w3.org/TR/html4/loose.dtd">
<html>
<head>
<meta http-equiv="Content-Type" content="text/html; charset=UTF-8">
<base href="<%=basePath%>">
<link rel="stylesheet" href="styles.css">
<title>医生查询结果</title>
</head>
<body>
    <div id="container">
        <div id="header">
            <a id="quit" href="QuitServlet">退出</a>
            <h1>社区宠物诊所</h1>
            <ul id="menu">
                <li><a href="#">医生管理</a></li>
                <li><a href="#">客户管理</a></li>
            </ul>
        </div>
        <div id="content">
            <table>
                <tr>
                    <td>医生姓名</td>
                    <td>专业特长</td>
                </tr>
                <%
                    List<Vet> vets = (List<Vet>) request.getAttribute("vets");
                    for (Vet vet : vets) {
                %>
                <tr class="result">
                    <td><%=vet.getName() %></td>
                    <td>
                        <%
                            for(Speciality spec:vet.getSpecs()){
                                out.print(spec.getName()+" ");
                            }
                        %>
                    </td>
```

```
            </tr>
        <%
            }
        %>
        <tr class="cols2">
            <td colspan="2"><input type="button" value="返回" onclick="history.back(-1);" /></td>
        </tr>
        <tr class="cols2">
            <td colspan="2" class="info"><%=request.getAttribute("msg")
                    ==null?"":request.getAttribute("msg") %></td>
        </tr>
    </table>
</div>
<div id="footer"></div>
</div>
</body>
</html>
```

3.1.3 功能编码

VetDAO 的 search()方法需要输入两个参数医生姓名 vetName 和医生专业名 specName，根据参数从 t_vet、t_speciality 以及 t_vet_speciality 三张表中找到符合条件的医生，然后将符合条件的医生信息封装成 Vet 通过集合返回。

【VetDAO.search()】

```
public List<Vet> search(String vetName, String specName) throws Exception {
    List<Vet> vets = new ArrayList<Vet>();
    Connection con = null;
    PreparedStatement ps = null;
    ResultSet rs = null;
    try {
        Class.forName("com.mysql.jdbc.Driver");
        con = DriverManager.getConnection("jdbc:mysql://localhost:3306/ph",
                "root", "123456");
        con.setAutoCommit(false);
        ps = con.prepareStatement("SELECT distinct   t_vet.* FROM      t_vet_speciality   "
                + "INNER JOIN t_speciality ON (t_vet_speciality.specId = t_speciality.id)   "
                + "INNER JOIN ph.t_vet   ON (t_vet_speciality.vetId = t_vet.id) "
                + "where t_vet.name like  ? and t_speciality.name like ?");
        ps.setString(1, "%"+vetName+"%");
        ps.setString(2, "%"+specName+"%");
        rs=ps.executeQuery();
        while(rs.next()){
            Vet v=new Vet();
            v.setId(rs.getInt("id"));
            v.setName(rs.getString("name"));
            vets.add(v);
        }
```

```
            for(Vet v:vets){
                rs=ps.executeQuery("SELECT t_speciality.* FROM     t_vet_speciality      "
                        + "INNER JOIN t_speciality ON (t_vet_speciality.specId = t_speciality.id)     "
                        + "INNER JOIN ph.t_vet    ON (t_vet_speciality.vetId = t_vet.id) "
                        + "where t_vet.id =    "+v.getId());
                while(rs.next()){
                    Speciality spec=new Speciality();
                    spec.setId(rs.getInt("id"));
                    spec.setName(rs.getString("name"));
                    v.getSpecs().add(spec);
                }
            }

        } catch (Exception e) {
            e.printStackTrace();
            throw new Exception("数据库访问出现异常:" + e);
        } finally {
            if (rs != null)
                rs.close();
            if (ps != null)
                ps.close();
            if (con != null)
                con.close();
        }
        return vets;
    }
```

VetServlet 用来处理和医生有关的请求，由于在各个地方都会通过 POST 方式请求 VetServlet，因此需要在 doPost()方法中加入对请求来源的判断，不同来源的请求进行不同的处理。具体做法是：在请求来源加入参数 m，doPost()中获取参数 m 的值后再调用相关方法。

```
<form action="VetServlet?m=search" method="post">
```

【VetServlet.doPost()】

```
protected void doPost(HttpServletRequest request,
        HttpServletResponse response) throws ServletException, IOException {
    String m = request.getParameter("m");
    if ("add".equals(m)) {
        add(request, response);
    } else if ("search".equals(m)) {
        search(request, response);
    }
}
```

VetServlet 的 search()方法需要接收表单提交过来的医生姓名以及医生专业两个参数，然后调用 VetDAO 的 search()方法并传入上述参数，并且将返回的结果 List 通过 request 转发给结果显示界面。

【VetServlet.search()】

```java
private void search(HttpServletRequest request, HttpServletResponse response)
        throws ServletException, IOException {
    try {
        String vetName = request.getParameter("vetName");
        String specName = request.getParameter("specName");
        VetDAO vetDAO = new VetDAO();
        List<Vet> vets = vetDAO.search(vetName, specName);
        if (vets.size() == 0) {
            request.setAttribute("msg", "没有找到相关医生信息.");
            request.getRequestDispatcher("/vetsearch.jsp").forward(request,
                    response);
        } else {
            request.setAttribute("vets", vets);
            request.getRequestDispatcher("/vetsearch_result.jsp").forward(
                    request, response);
        }

    } catch (Exception e) {
        request.setAttribute("msg", e.getMessage());
        request.getRequestDispatcher("/vetsearch.jsp").forward(request,
                response);
    }

}
```

3.2 医生信息添加功能

3.2.1 用例描述及顺序图

医生信息添加功能的用例描述如表 3-3 所示。

表 3-3 医生信息添加用例描述

用例名称：医生信息添加
用例标示编号：04
参与者：管理员用户
简要说明：管理员向系统添加一条新的医生信息
前置条件：用户已登录，身份为管理员
基本事件流： 1. 管理员在医生查询界面点击添加医生链接 2. 系统返回添加医生信息界面 3. 管理员输入医生姓名以及专业特长信息，点击"保存"按钮

续表

	4. 系统将医生信息保存到数据库 5. 返回医生查询界面，提示"操作成功"
其他事件流： 1. 当没有输入医生姓名时返回添加界面提示"请输入医生姓名" 2. 当没有输入医生专业信息时返回添加界面提示"请选择至少一项专业特长"	
异常事件流：如果出现异常，返回医生信息添加界面提示异常信息	
后置条件：医生信息存入数据库	

根据用例描述画出医生信息添加功能的顺序图如图 3-5 所示，医生信息添加顺序图的描述如表 3-4 所示。

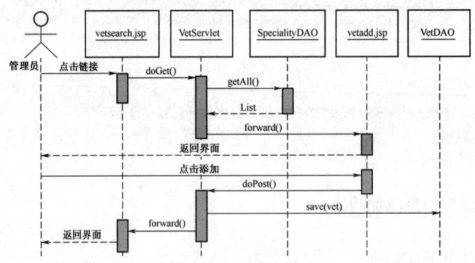

图 3-5　医生信息添加顺序图

表 3-4　医生信息添加顺序图描述

编号	类名或文件名	功能描述
1	vetsearch.jsp	JSP 页面，显示医生查询界面
2	vetadd.jsp	JSP 页面，显示医生添加界面
3	VetServlet	Servlet，处理用户的请求
4	VetDAO	DAO 类，save 方法将 Vet 实体数据保存到数据库
5	SpecialityDAO	DAO 类，getAll()方法返回专业集合

3.2.2　界面原型

医生信息添加功能主要由医生信息输入界面和操作结果显示界面构成，如图 3-6 至图 3-8 所示。

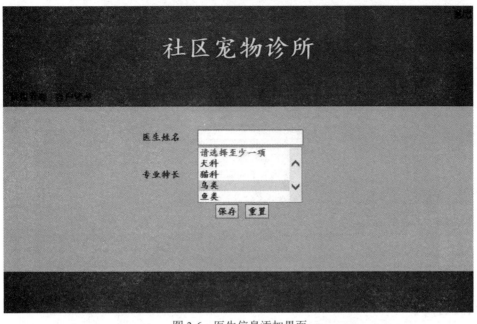

图 3-6 医生信息添加界面

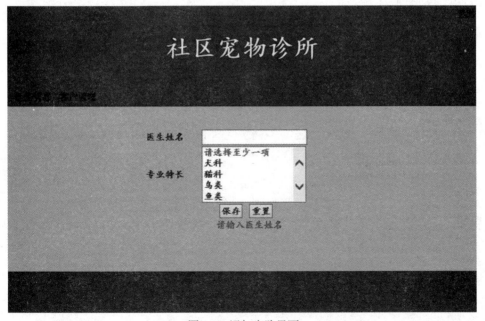

图 3-7 添加失败界面

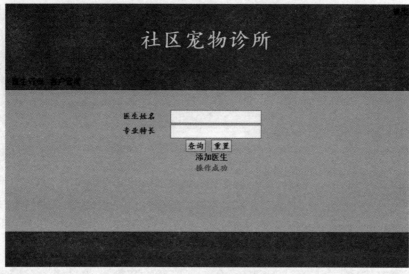

图 3-8　添加成功界面

【vetadd.jsp】

```jsp
<%@page import="ph.entity.Speciality"%>
<%@page import="java.util.List"%>
<%@ page language="java" contentType="text/html; charset=utf-8"
    pageEncoding="utf-8"%>
<%
    String path = request.getContextPath();
    String basePath = request.getScheme() + "://"
            + request.getServerName() + ":" + request.getServerPort()
            + path + "/";
%>
<!DOCTYPE html PUBLIC "-//W3C//DTD HTML 4.01 Transitional//EN""http://www.w3.org/TR/html4/loose.dtd">
<html>
<head>
<meta http-equiv="Content-Type" content="text/html; charset=UTF-8">
<base href="<%=basePath%>">
<link rel="stylesheet" href="styles.css">
<title>添加医生信息</title>
</head>
<body>
    <div id="container">
        <div id="header">
            <a id="quit" href="QuitServlet">退出</a>
            <h1>社区宠物诊所</h1>
            <ul id="menu">
                <li><a href="vetsearch.jsp">医生管理</a></li>
                <li><a href="costomersearch.jsp">客户管理</a></li>
            </ul>
        </div>
```

```
<div id="content">
    <form action="VetServlet?m=add" method="post">
        <table>
            <tr>
                <td>医生姓名</td>
                <td><input type="text" name="name" /></td>
            </tr>
            <tr>
                <td>专业特长</td>
                <td><select size="5" multiple="multiple" name="specId">
                    <option disabled="disabled">
                        请选择至少一项
                    </option>
                    <%
                    List<Speciality> specs = (List<Speciality>) request
                            .getAttribute("specs");
                    for (Speciality s : specs) {
                    %>
                    <option value="<%=s.getId()%>">
                        <%=s.getName() %>
                    </option>
                    <%
                    }
                    %>
                </select></td>
            </tr>
            <tr class="cols2">
                <td colspan="2">
                    <input type="submit" value="保存" />
                    <inputtype="reset" value="重置" />
                </td>
            </tr>
            <tr class="cols2">
                <td colspan="2" class="info"><%=request.getAttribute("msg")==
                    null?"":request.getAttribute("msg") %></td>
            </tr>
        </table>
    </form>
</div>
<div id="footer"></div>
</div>
</body>
</html>
```

3.2.3 功能编码

根据顺序图可以看出医生信息添加功能主要分为两个步骤：首先点击添加链接后通过系统查询所有专业信息，生成医生信息添加界面。然后点击"保存"按钮将医生信息交给系统保存到数据库中。

第一步中 SpecialityDAO 的 getAll()方法负责查询数据库 t_speciality 表中的数据,并且将查询的结果封装成 Speciality 类的对象后通过集合 List 返回。

【SpecialityDAO.java】

```java
package ph.dao;

import java.sql.Connection;
import java.sql.DriverManager;
import java.sql.PreparedStatement;
import java.sql.ResultSet;
import java.util.ArrayList;
import java.util.List;

import ph.entity.Speciality;

public class SpecialityDAO {
    public List<Speciality> getAll() throws Exception{
        List<Speciality> specs=new ArrayList<Speciality>();
        Connection con = null;
        PreparedStatement ps = null;
        ResultSet rs = null;
        try {
            Class.forName("com.mysql.jdbc.Driver");
            con = DriverManager.getConnection("jdbc:mysql://localhost:3306/ph",
                    "root", "123456");
            ps = con.prepareStatement("select * from t_speciality");
            rs=ps.executeQuery();
            while(rs.next()){
                Speciality s=new Speciality();
                s.setId(rs.getInt("id"));
                s.setName(rs.getString("name"));
                specs.add(s);
            }

        } catch (Exception e) {
            e.printStackTrace();
            throw new Exception("数据库访问出现异常:" + e);
        } finally {
            if (rs != null)
                rs.close();
            if (ps != null)
                ps.close();
            if (con != null)
                con.close();
        }
        return specs;
    }
}
```

vetsearch.jsp 中<a href="VetServlet?m=toAdd">添加医生</a>提交 GET 方式的请求，该请求被 VetServlet 类的 doGet()方法根据参数 m 的值转交给 toAdd()方法。toAdd()方法将 SpecialitDAO 类的 getAll()方法的返回值通过 request 对象的 attribute 属性传递给 vetadd.jsp，用来生成专业下拉列表。

【VetServlet.doGet()】

```
protected void doGet(HttpServletRequest request,
        HttpServletResponse response) throws ServletException, IOException {
    String m = request.getParameter("m");
    if ("toAdd".equals(m)) {
        toAdd(request, response);
    }
}
```

【VetServlet.toAdd()】

```
private void toAdd(HttpServletRequest request, HttpServletResponse response)
        throws ServletException, IOException {
    try {
        SpecialityDAO specDAO = new SpecialityDAO();
        request.setAttribute("specs", specDAO.getAll());
        request.getRequestDispatcher("/vetadd.jsp").forward(request,
                response);

    } catch (Exception e) {
        request.setAttribute("msg", e.getMessage());
        request.getRequestDispatcher("/vetsearch.jsp").forward(request,
                response);
    }
}
```

【VetServlet.add()】

```
private void add(HttpServletRequest request, HttpServletResponse response)
        throws ServletException, IOException {

    try {
        String vetName = request.getParameter("name");
        if (vetName == null||"".equals(vetName)) {
            throw new Exception("请输入医生姓名");
        }
        String specIds[] = request.getParameterValues("specId");
        if (specIds == null||specIds.length==0) {
            throw new Exception("请选择至少一项专业特长");
        }
        Vet vet = new Vet();
        vet.setName(request.getParameter("name"));

        for (int i = 0; i < specIds.length; i++) {
            Speciality spec = new Speciality();
            spec.setId(Integer.valueOf(specIds[i]));
            vet.getSpecs().add(spec);
```

```
        }
        VetDAO vetDAO = new VetDAO();
        vetDAO.save(vet);
        request.setAttribute("msg", "操作成功");
        request.getRequestDispatcher("/vetsearch.jsp").forward(request,
                response);

    } catch (Exception e) {
        request.setAttribute("msg", e.getMessage());
        toAdd(request, response);
    }
}
```

【VetDAO.save()】
```
public void save(Vet vet) throws Exception {
    Connection con = null;
    PreparedStatement ps = null;
    ResultSet rs = null;
    try {
        Class.forName("com.mysql.jdbc.Driver");
        con = DriverManager.getConnection("jdbc:mysql://localhost:3306/ph",
                "root", "123456");
        con.setAutoCommit(false);
        String sql = "insert into t_vet value(null,?)";
        ps = con.prepareStatement(sql,
                PreparedStatement.RETURN_GENERATED_KEYS);
        ps.setString(1, vet.getName());
        ps.executeUpdate();
        rs = ps.getGeneratedKeys();
        if (rs.next()) {
            vet.setId(rs.getInt(1));
        }
        sql = "insert into t_vet_speciality values";
        boolean first = true;
        for (Speciality spec : vet.getSpecs()) {
            if (first) {
                sql += "(" + vet.getId() + "," + spec.getId() + ")";
                first = false;
            } else {
                sql += ",(" + vet.getId() + "," + spec.getId() + ")";
            }
        }
        ps.executeUpdate(sql);
        con.commit();
    } catch (Exception e) {
        e.printStackTrace();
        if (con != null)
            con.rollback();
        throw new Exception("数据库访问出现异常:" + e);
    } finally {
```

```
            if (rs != null)
                rs.close();
            if (ps != null)
                ps.close();
            if (con != null)
                con.close();
        }
    }
```

任务拓展

1. 实现医生信息查询功能。
2. 实现医生信息添加功能。

4 客户信息维护功能实现

- 理解用例说明
- 理解时序图
- 掌握 JSP/Servlet 开发方法
- 掌握 JDBC 编程技巧

4.1 客户查询功能

4.1.1 用例描述及顺序图

客户查询功能的用例描述如表 4-1 所示。

表 4-1 客户查询用例描述

用例名称：客户查询
用例标示编号：05
参与者：管理员用户
简要说明：管理员根据姓名查询客户
前置条件：用户已登录，身份为管理员

基本事件流：
1. 管理员在医生查询界面输入客户姓名，点击查询
2. 系统查询客户信息
3. 跳转到客户查询结果页面，显示客户列表

其他事件流：如果没有找到相关客户信息，返回客户查询界面提示"没有找到相关客户信息"

异常事件流：如果出现异常，返回客户查询界面提示异常信息

后置条件：无

根据用例描述画出客户查询功能的顺序图如图 4-1 所示，客户查询顺序图的描述如表 4-2 所示。

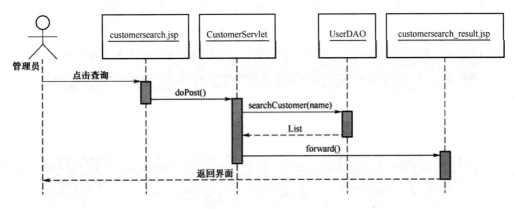

图 4-1 客户查询顺序图

表 4-2 客户查询顺序图描述

编号	类名或文件名	功能描述
1	customersearch.jsp	JSP 页面。显示客户查询页面
2	customersearch_result.jsp	JSP 页面。显示客户查询结果页面
3	CustomerServlet	Servlet。处理客户请求
4	UserDAO	DAO 类。其 searchCustomer 方法根据用户名查询用户，返回用户集合

4.1.2 界面原型

客户信息查询功能主要由客户信息输入界面和查询结果显示界面构成，如图 4-2 至图 4-4 所示。

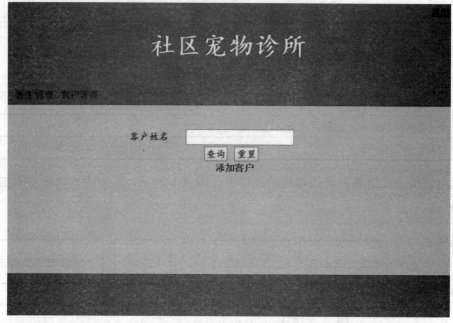

图 4-2 客户查询界面

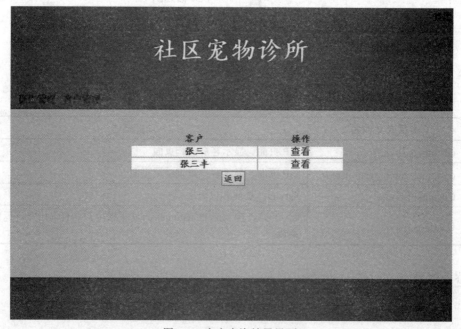

图 4-3 客户查询结果界面

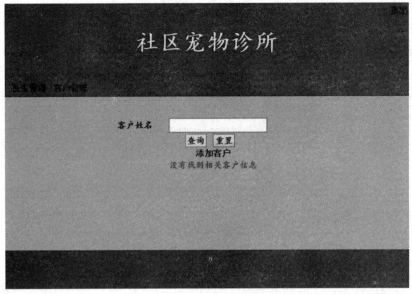

图 4-4 未找到客户信息界面

【customersearch.jsp】

```jsp
<%@ page language="java" contentType="text/html; charset=UTF-8"
    pageEncoding="UTF-8"%>
<%
    String path = request.getContextPath();
    String basePath = request.getScheme() + "://"
            + request.getServerName() + ":" + request.getServerPort()
            + path + "/";
%>
<!DOCTYPE html PUBLIC "-//W3C//DTD HTML 4.01 Transitional//EN""http://www.w3.org/TR/html4/loose.dtd">
<html>
<head>
<meta http-equiv="Content-Type" content="text/html; charset=UTF-8">
<base href="<%=basePath%>">
<link rel="stylesheet" href="styles.css">
<title>客户查询</title>
</head>
<body>
    <div id="container">
        <div id="header">
            <a id="quit" href="QuitServlet">退出</a>
            <h1>社区宠物诊所</h1>
            <ul id="menu">
                <li><a href="vetsearch.jsp">医生管理</a></li>
                <li><a href="customersearch.jsp">客户管理</a></li>
            </ul>
        </div>
        <div id="content">
```

```html
<form action="CustomerServlet?m=search" method="post">
    <table>
        <tr>
            <td>客户姓名</td>
            <td><input type="text" name="customerName"/></td>
        </tr>
        <tr class="cols2">
            <td colspan="2"><input type="submit" value="查询" /><input
                type="reset" value="重置" /></td>
        </tr>
        <tr class="cols2">
            <td colspan="2"><a href="CustomerServlet?m=toAdd">添加客户</a></td>
        </tr>
        <tr class="cols2">
            <td colspan="2" class="info"><%=request.getAttribute("msg")
                ==null?"":request.getAttribute("msg") %></td>
        </tr>
    </table>
</form>
        </div>
        <div id="footer"></div>
    </div>
</body>
</html>
```

【customersearch_result.jsp】

```jsp
<%@page import="ph.entity.User"%>
<%@page import="java.util.List"%>
<%@ page language="java" contentType="text/html; charset=UTF-8"
    pageEncoding="UTF-8"%>
<%
    String path = request.getContextPath();
    String basePath = request.getScheme() + "://"
            + request.getServerName() + ":" + request.getServerPort()
            + path + "/";
%>
<!DOCTYPE html PUBLIC "-//W3C//DTD HTML 4.01 Transitional//EN""http://www.w3.org/TR/html4/loose.dtd">
<html>
<head>
<meta http-equiv="Content-Type" content="text/html; charset=UTF-8">
<base href="<%=basePath%>">
<link rel="stylesheet" href="styles.css">
<title>用户查询结果</title>
</head>
<body>
    <div id="container">
        <div id="header">
            <a id="quit" href="QuitServlet">退出</a>
            <h1>社区宠物诊所</h1>
```

```html
                <ul id="menu">
                    <li><a href="vetsearch.jsp">医生管理</a></li>
                    <li><a href="customersearch.jsp">客户管理</a></li>
                </ul>
            </div>
            <div id="content">
                <table>
                    <thead>
                        <tr>
                            <td>客户</td>
                            <td>操作</td>
                        </tr>
                    </thead>
                    <%
                        List<User> users = (List<User>) request.getAttribute("users");
                        for (User user : users) {
                    %>
                    <tr class="result">
                        <td><%=user.getName() %></td>
                        <td><a href="CustomerServlet?m=showDetail&cid=<%=user.getId()%>">查看</a></td>
                    </tr>
                    <%
                        }
                    %>
                    <tr class="cols2">
                        <td colspan="2"><input type="button" value="返回" onclick="history.back(-1);" /></td>
                    </tr>
                    <tr class="cols2">
                        <td colspan="2" class="info">
                            <%=request.getAttribute("msg")==null?"":request.getAttribute("msg") %>
                        </td>
                    </tr>
                </table>
            </div>
            <div id="footer"></div>
        </div>
    </body>
</html>
```

4.1.3 功能编码

【CustomerServlet.doPost()】

```java
protected void doPost(HttpServletRequest request,
        HttpServletResponse response) throws ServletException, IOException {
    String m = request.getParameter("m");
    if ("search".equals(m)) {
        search(request, response);
    } else if ("add".equals(m)) {
```

```
            add(request, response);
        }
    }
```

【CustomerSearch.search()】

```
private void search(HttpServletRequest request, HttpServletResponse response)
        throws ServletException, IOException {
    try {
        UserDAO userDAO = new UserDAO();
        List<User> users = userDAO.searchCustomer(request
                .getParameter("customerName"));
        if (users.size() == 0) {
            request.setAttribute("msg", "没有找到相关客户信息.");
            request.getRequestDispatcher("/customersearch.jsp").forward(
                    request, response);
        }else{
            request.setAttribute("users", users);
            request.getRequestDispatcher("/customersearch_result.jsp").forward(
                    request, response);
        }

    } catch (Exception e) {
        request.setAttribute("msg", e.getMessage());
        request.getRequestDispatcher("/customersearch.jsp").forward(
                request, response);
    }

}
```

【UserDAO.searchCustomer()】

```
public List<User> searchCustomer(String customerName) throws Exception{
    List<User> users=new ArrayList<User>();
    Connection con = null;
    PreparedStatement ps = null;
    ResultSet rs = null;
    try {
        Class.forName("com.mysql.jdbc.Driver");
        con = DriverManager.getConnection("jdbc:mysql://localhost:3306/ph",
                "root", "123456");
        ps = con.prepareStatement("select * from t_user as u where u.name like ? and u.role='customer'");
        ps.setString(1, "%"+customerName+"%");
        rs=ps.executeQuery();
        while (rs.next()) {
            User user = new User();
            user.setId(rs.getInt("id"));
            user.setRole(rs.getString("role"));
            user.setName(rs.getString("name"));
            user.setPwd(rs.getString("pwd"));
            user.setTel(rs.getString("tel"));
            user.setAddress(rs.getString("address"));
            users.add(user);
```

```
        }
    } catch (Exception e) {
        e.printStackTrace();
        throw new Exception("数据库访问出现异常:" + e);
    } finally {
        if (rs != null)
            rs.close();
        if (ps != null)
            ps.close();
        if (con != null)
            con.close();
    }
    return users;
}
```

4.2 客户信息查看功能

4.2.1 用例描述及顺序图

客户信息查看功能的用例描述如表 4-3 所示。

表 4-3　客户信息查看用例描述

用例名称：客户信息查看	
用例标示编号：06	
参与者：管理员用户	
简要说明：管理员查看客户详细信息以及宠物列表	
前置条件：用户已登录，身份为管理员	
基本事件流：	
管理员在客户查询结果页面点击客户列表中的查看链接	
系统查询客户信息以及客户的宠物信息集合	
跳转到客户详细信息查看页面，显示客户详细信息	
其他事件流：无	
异常事件流：如果出现异常，返回客户查询界面提示异常信息	
后置条件：无	

根据用例描述画出客户信息查看功能的顺序图如图 4-5 所示，客户信息查看顺序图的描述如表 4-4 所示。

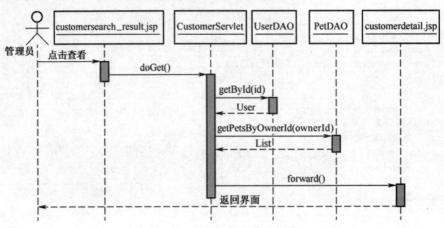

图 4-5　客户信息查看顺序图

表 4-4　客户信息查看顺序图描述

编号	类名或文件名	功能描述
1	customersearch.jsp	JSP 页面。显示客户查询页面
2	customerdetail.jsp	JSP 页面。显示客户详细信息页面
3	CustomerServlet	Servlet。处理客户请求
4	UserDAO	DAO 类。其 getById 方法根据主键查询用户，返回用户对象
5	PetDAO	DAO 类。其 getPetsByOwnerId 方法根据客户主键查询该客户所有的宠物，返回宠物集合

4.2.2　界面原型

客户信息查看功能主要由客户信息查看界面构成，如图 4-6 所示。

图 4-6　客户信息查看界面

【customerdetail.jsp】

```jsp
<%@page import="java.net.URLEncoder"%>
<%@page import="ph.entity.Pet"%>
<%@page import="ph.entity.User"%>
<%@ page language="java" contentType="text/html; charset=UTF-8"
    pageEncoding="UTF-8"%>
<%
    String path = request.getContextPath();
    String basePath = request.getScheme() + "://"
            + request.getServerName() + ":" + request.getServerPort()
            + path + "/";
%>
<!DOCTYPE html PUBLIC "-//W3C//DTD HTML 4.01 Transitional//EN""http://www.w3.org/TR/html4/loose.dtd">
<html>
<head>
<meta http-equiv="Content-Type" content="text/html; charset=UTF-8">
<base href="<%=basePath%>">
<link rel="stylesheet" href="styles.css">
<title>客户详细信息</title>
</head>
<body>
    <div id="container">
        <div id="header">
            <a id="quit" href="QuitServlet">退出</a>
            <h1>社区宠物诊所</h1>
            <ul id="menu">
                <li><a href="vetsearch.jsp">医生管理</a></li>
                <li><a href="customersearch.jsp">客户管理</a></li>
            </ul>
        </div>
        <div id="content">
            <%
                User user = (User) request.getAttribute("user");
            %>
            <table>
                <tr>
                    <td>客户姓名</td>
                    <td><input type="text" name="name" disabled="disabled"
                        value="<%=user.getName()%>" /></td>
                </tr>
                <tr>
                    <td>联系电话</td>
                    <td><input type="text" name="tel" disabled="disabled"
                        value="<%=user.getTel()%>" /></td>
                </tr>
                <tr>
                    <td>家庭地址</td>
                    <td><input type="text" name="address" disabled="disabled"
                        value="<%=user.getAddress()%>" /></td>
```

```html
                </tr>
                <tr class="cols2">
                    <td colspan="2" class="info"><a
                        href="PetServlet?m=toAdd&cid=<%=user.getId()%>&cname=<%
                           =URLEncoder.encode(user.getName(), "utf-8")%>">添加新宠物</a></td>
                </tr>
                <tr class="cols2">
                    <td colspan="2" class="info"><%=request.getAttribute("msg")
                           ==null?"":request.getAttribute("msg") %></td>
                </tr>
            </table>
            <hr>
            <table class="wide">
                <thead>
                    <tr>
                        <td colspan="2">宠物信息</td>
                        <td>操作</td>
                    </tr>
                </thead>
                <%
                    for (Pet pet : user.getPets()) {
                %>
                <tr>
                    <td><img alt="" src="<%=pet.getPhoto()%>" height="64"
                        width="64"></td>
                    <td>姓名:<%=pet.getName()%>,生日:<%=pet.getBirthdate()%></td>
                    <td><a
                        href="VisitServlet?m=showHistory&petId=<%=pet.getId()%>">历史病历</a>|
                        <a
                        href="VisitServlet?m=toAdd&petId=<%=pet.getId()%>&cid=<%=pet.getOwnerId() %
                           >&petname=<%=URLEncoder.encode(pet.getName(), "utf-8")%>">添加病历</a></td>
                </tr>

                <%
                    }
                %>

            </table>
        </div>
        <div id="footer"></div>
    </div>
</body>
</html>
```

4.2.3 功能编码

【CustomerServlet.doGet()】

```java
protected void doGet(HttpServletRequest request,
        HttpServletResponse response) throws ServletException, IOException {
```

```java
        String m = request.getParameter("m");
        if ("toAdd".equals(m)) {
            toAdd(request, response);
        } else if ("showDetail".equals(m)) {
            showDetail(request, response);
        }

}
```

【CustomerServlet.showDetail()】

```java
private void showDetail(HttpServletRequest request,
        HttpServletResponse response) throws ServletException, IOException {

    try {
        UserDAO userDAO=new UserDAO();
        PetDAO petDAO=new PetDAO();
        int ownerId=Integer.valueOf(request.getParameter("cid"));
        User user=userDAO.getById(ownerId);
        List<Pet> pets=petDAO.getPetsByOwnerId(ownerId);
        user.setPets(pets);
        request.setAttribute("user", user);
        request.getRequestDispatcher("/customerdetail.jsp").forward(request, response);
    } catch (Exception e) {
        request.setAttribute("msg", e.getMessage());
        request.getRequestDispatcher("/customersearch.jsp").forward(
                request, response);
    }

}
```

【UserDAO.getById()】

```java
public User getById(int    id) throws Exception {
    User user = null;
    Connection con = null;
    PreparedStatement ps = null;
    ResultSet rs = null;
    try {
        Class.forName("com.mysql.jdbc.Driver");
        con = DriverManager.getConnection("jdbc:mysql://localhost:3306/ph",
                "root", "123456");
        ps = con.prepareStatement("select * from t_user as u where u.id=?");
        ps.setInt(1, id);
        rs=ps.executeQuery();
        if (rs.next()) {
            user = new User();
            user.setId(rs.getInt("id"));
            user.setRole(rs.getString("role"));
            user.setName(rs.getString("name"));
            user.setPwd(rs.getString("pwd"));
            user.setTel(rs.getString("tel"));
            user.setAddress(rs.getString("address"));
```

```
        }
    } catch (Exception e) {
        e.printStackTrace();
        throw new Exception("数据库访问出现异常:" + e);
    } finally {
        if (rs != null)
            rs.close();
        if (ps != null)
            ps.close();
        if (con != null)
            con.close();
    }
    return user;
}
```

【PetDAO.getPetsByOwnerId()】

```
public List<Pet> getPetsByOwnerId(int ownerId) throws Exception{
    List<Pet> pets=new ArrayList<Pet>();
    Connection con = null;
    PreparedStatement ps = null;
    ResultSet rs = null;
    try {
        Class.forName("com.mysql.jdbc.Driver");
        con = DriverManager.getConnection("jdbc:mysql://localhost:3306/ph",
            "root", "123456");
        ps = con.prepareStatement("select * from t_pet as p where p.ownerId=?");
        ps.setInt(1, ownerId);
        rs=ps.executeQuery();
        while (rs.next()) {
            Pet pet=new Pet();
            pet.setId(rs.getInt("id"));
            pet.setName(rs.getString("name"));
            pet.setBirthdate(rs.getString("birthdate"));
            pet.setOwnerId(ownerId);
            pet.setPhoto(rs.getString("photo"));
            pets.add(pet);
        }
    } catch (Exception e) {
        e.printStackTrace();
        throw new Exception("数据库访问出现异常:" + e);
    } finally {
        if (rs != null)
            rs.close();
        if (ps != null)
            ps.close();
        if (con != null)
            con.close();
    }
    return pets;
}
```

4.3 客户信息添加功能

4.3.1 用例描述及顺序图

客户信息添加功能的用例描述如表 4-5 所示。

表 4-5 客户信息添加用例描述

用例名称：客户信息添加
用例标示编号：07
参与者：管理员用户
简要说明：管理员向系统添加一个新客户
前置条件：用户已登录，身份为管理员
基本事件流： 1. 管理员在客户查询页面点击"添加客户"链接 2. 系统返回添加新客户界面 3. 管理员输入客户姓名、联系电话和家庭地址信息后点击添加 4. 系统将新客户信息添加到数据库，并且返回客户查询界面显示"添加成功"
其他事件流：无
异常事件流：如果出现异常，返回客户查询界面提示异常信息
后置条件：新客户信息保存到数据库中

根据用例描述画出客户信息添加功能的顺序图如图 4-7 所示，客户信息添加顺序图的描述如表 4-6 所示。

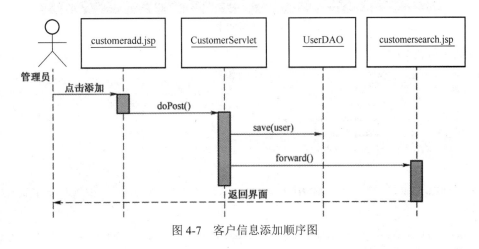

图 4-7 客户信息添加顺序图

表 4-6　客户信息添加顺序图描述

编号	类名或文件名	功能描述
1	customeradd.jsp	JSP 页面。客户添加输入界面
2	CustomerServlet	Servlet。处理客户请求
3	UserDAO	DAO 类。其 save 方法将 User 对象保存到数据库中

4.3.2　界面原型

客户信息添加功能主要由客户信息输入界面构成，如图 4-8 所示。

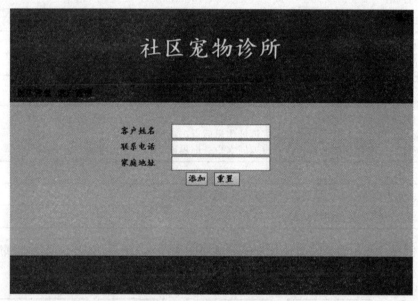

图 4-8　客户信息添加页面

【customeradd.jsp】

```
<%@ page language="java" contentType="text/html; charset=UTF-8"
    pageEncoding="UTF-8"%>
<%
    String path = request.getContextPath();
    String basePath = request.getScheme() + "://"
            + request.getServerName() + ":" + request.getServerPort()
            + path + "/";
%>
<!DOCTYPE html PUBLIC "-//W3C//DTD HTML 4.01 Transitional//EN""http://www.w3.org/TR/html4/loose.dtd">
<html>
<head>
<meta http-equiv="Content-Type" content="text/html; charset=UTF-8">
<base href="<%=basePath%>">
```

```html
<link rel="stylesheet" href="styles.css">
<title>添加用户</title>
</head>
<body>
    <div id="container">
        <div id="header">
            <a id="quit" href="QuitServlet">退出</a>
            <h1>社区宠物诊所</h1>
            <ul id="menu">
                <li><a href="vetsearch.jsp">医生管理</a></li>
                <li><a href="customersearch.jsp">客户管理</a></li>
            </ul>
        </div>
        <div id="content">
            <form action="CustomerServlet?m=add" method="post">
                <table>
                    <tr>
                        <td>客户姓名</td>
                        <td><input type="text" name="name" /></td>
                    </tr>
                    <tr>
                        <td>联系电话</td>
                        <td><input type="text" name="tel"/></td>
                    </tr>
                    <tr>
                        <td>家庭地址</td>
                        <td><input type="text" name="address"/></td>
                    </tr>
                    <tr class="cols2">
                        <td colspan="2"><input type="submit" value="添加" /><input
                            type="reset" value="重置" /></td>
                    </tr>
                    <tr class="cols2">
                        <td colspan="2" class="info"><%=request.getAttribute("msg")
                            ==null?"":request.getAttribute("msg") %></td>
                    </tr>
                </table>
            </form>
        </div>
        <div id="footer"></div>
    </div>
</body>
</html>
```

4.3.3 功能编码

【CustomerServlet.add()】

```java
private void add(HttpServletRequest request, HttpServletResponse response)
        throws ServletException, IOException {

    try {
        User user = new User();
        user.setName(request.getParameter("name"));
        user.setPwd("123456");
        user.setRole("customer");
        user.setTel(request.getParameter("tel"));
        user.setAddress(request.getParameter("address"));
        UserDAO userDAO = new UserDAO();
        userDAO.save(user);
        request.setAttribute("msg", "添加用户成功");
        request.getRequestDispatcher("/customersearch.jsp").forward(
                request, response);
    } catch (Exception e) {
        request.setAttribute("msg", e.getMessage());
        request.getRequestDispatcher("/customeradd.jsp").forward(request,
                response);
    }
}
```

【CustomerDAO.save()】

```java
public void save(User user) throws Exception{
    Connection con = null;
    PreparedStatement ps = null;
    try {
        Class.forName("com.mysql.jdbc.Driver");
        con = DriverManager.getConnection("jdbc:mysql://localhost:3306/ph",
                "root", "123456");
        ps = con.prepareStatement("insert into t_user value(null,?,?,?,?,?)");
        ps.setString(1, user.getRole());
        ps.setString(2, user.getName());
        ps.setString(3, user.getPwd());
        ps.setString(4, user.getTel());
        ps.setString(5, user.getAddress());
        ps.executeUpdate();

    } catch (Exception e) {
        e.printStackTrace();
        throw new Exception("数据库访问出现异常:" + e);
    } finally {

        if (ps != null)
            ps.close();
        if (con != null)
```

```
        con.close();
    }
}
```

任务拓展

1．实现客户查询功能。
2．实现客户信息查看功能。
3．实现客户信息添加功能。

5

宠物信息维护功能实现

- 理解用例说明
- 理解时序图
- 掌握 JSP/Servlet 开发方法
- 掌握 JDBC 编程技巧
- 掌握 Servlet3.0 上传文件

5.1 宠物信息添加功能

5.1.1 用例说明及顺序图

宠物信息添加功能的用例描述如表 5-1 所示。

表 5-1 宠物信息添加用例描述

用例名称：宠物信息添加
用例标示编号：08
参与者：管理员用户
简要说明：管理员向系统添加一个新宠物
前置条件：用户已登录，身份为管理员

续表

基本事件流：
1. 管理员在客户详细信息查看页面点击"添加新宠物"链接
2. 系统返回添加宠物界面
3. 管理员输入宠物姓名、生日和照片信息，点击添加
4. 系统将宠物信息保存到数据库后返回到宠物主人查看界面，显示"添加成功"

其他事件流：无

异常事件流：如果出现异常，返回客户信息查看界面提示异常信息

后置条件：新宠物信息保存到数据库中

根据用例描述画出宠物信息添加功能的顺序图如图 5-1 所示，宠物信息添加顺序图的描述如表 5-2 所示。

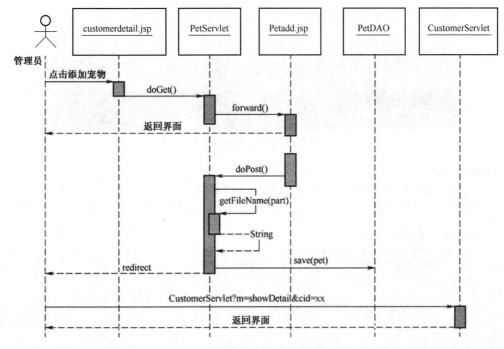

图 5-1　宠物信息添加顺序图

表 5-2　宠物信息添加顺序图描述

编号	类名或文件名	功能描述
1	petadd.jsp	JSP 页面。宠物添加界面
2	PetServlet	Servlet。处理客户请求，其 getFileName 方法上传文件并返回文件保存名
3	PetDAO	DAO 类。其 save 方法保存 Pet 对象数据到数据库中

5.1.2 界面原型

宠物信息添加功能主要由宠物信息输入界面实现,如图 5-2 所示。

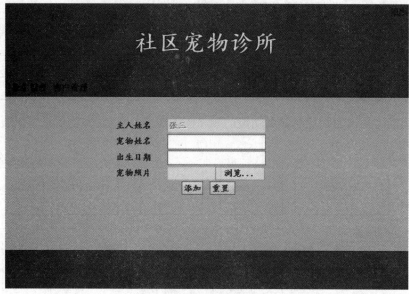

图 5-2　宠物信息添加页面

【petadd.jsp】

```
<%@ page language="java" contentType="text/html; charset=UTF-8"
    pageEncoding="UTF-8"%>
<%
    String path = request.getContextPath();
    String basePath = request.getScheme() + "://"
            + request.getServerName() + ":" + request.getServerPort()
            + path + "/";
%>
<!DOCTYPE html PUBLIC "-//W3C//DTD HTML 4.01 Transitional//EN""http://www.w3.org/TR/html4/loose.dtd">
<html>
<head>
<meta http-equiv="Content-Type" content="text/html; charset=UTF-8">
<base href="<%=basePath%>">
<link rel="stylesheet" href="styles.css">
<title>添加宠物</title>
</head>
<body>
    <div id="container">
        <div id="header">
            <a id="quit" href="QuitServlet">退出</a>
            <h1>社区宠物诊所</h1>
            <ul id="menu">
```

```html
                <li><a href="vetsearch.jsp">医生管理</a></li>
                <li><a href="customersearch.jsp">客户管理</a></li>
            </ul>
        </div>
        <div id="content">
            <form action="PetServlet?m=add" method="post" enctype="multipart/form-data">
                <table>
                    <tr>
                        <td>主人姓名</td>
                        <td><input type="text" name="cname" disabled="disabled"
                            value="<%=request.getParameter("cname")%>" />
                            <input type="hidden" name="cid" value="<%=request.getParameter("cid")%>"/>
                        </td>
                    </tr>
                    <tr>
                        <td>宠物姓名</td>
                        <td><input type="text" name="name" /></td>
                    </tr>
                    <tr>
                        <td>出生日期</td>
                        <td><input type="text" name="birthdate" /></td>
                    </tr>
                    <tr>
                        <td>宠物照片</td>
                        <td><input type="file" name="photo" /></td>
                    </tr>
                    <tr class="cols2">
                        <td colspan="2"><input type="submit" value="添加" /><input
                            type="reset" value="重置" /></td>
                    </tr>
                    <tr class="cols2">
                        <td colspan="2" class="info"><%=request.getAttribute("msg")
                            ==null?"":request.getAttribute("msg") %></td>
                    </tr>
                </table>
            </form>
        </div>
        <div id="footer"></div>
    </div>
</body>
</html>
```

5.1.3 功能编码

【PetServlet.doGet()】

```
protected void doGet(HttpServletRequest request,
        HttpServletResponse response) throws ServletException, IOException {
    String m = request.getParameter("m");
```

```
        if ("toAdd".equals(m)) {
            toAdd(request, response);
        }
    }
}
```

【PetServlet.toAdd()】

```
private void toAdd(HttpServletRequest request, HttpServletResponse response)
        throws ServletException, IOException {
    request.getRequestDispatcher("/petadd.jsp").forward(request, response);
}
```

【PetServlet.doPost()】

```
protected void doPost(HttpServletRequest request,
        HttpServletResponse response) throws ServletException, IOException {
    String m = request.getParameter("m");
    if ("add".equals(m)) {
        add(request, response);
    }
}
```

为了让PetServlet支持文件上传，需要在PetServlet声明时加入@MultipartConfig注解，该注解是Servlet3.0开始加入的新特性。在Servlet上加入MultipartConfig注解表示该Servlet的实例将用来处理 multipart/form-data 类型的 MIME type。使用 MultipartConfig 注解的 Servlet能够通过 getPart()或者 getParts()方法访问 multipart/form-data 类型的请求。

```
@MultipartConfig
@WebServlet("/PetServlet")
public class PetServlet extends HttpServlet {    }
```

【PetServlet.add()】

```
private void add(HttpServletRequest request, HttpServletResponse response) throws ServletException, IOException {

    try {
        Part part = request.getPart("photo");
        String filename = getFileName(part);
        String photo;
        if(filename!=null){
            long currentTimeMillis = System.currentTimeMillis();
            photo = "photo/" + currentTimeMillis
                    + filename.substring(filename.lastIndexOf("."));
            filename = getServletContext().getRealPath("/") + "/" + photo;
            part.write(filename);
        }else{
            photo="photo/default.jpg";
        }
        Pet pet = new Pet();
        pet.setName(request.getParameter("name"));
        pet.setBirthdate(request.getParameter("birthdate"));
        pet.setPhoto(photo);
        pet.setOwnerId(Integer.parseInt(request.getParameter("cid")));
        PetDAO petDAO = new PetDAO();
```

```java
            petDAO.save(pet);
            request.setAttribute("msg","添加成功");
            response.sendRedirect("CustomerServlet?m=showDetail&cid="+pet.getOwnerId());
        } catch (Exception e) {
            request.setAttribute("msg", e.getMessage());
            request.getRequestDispatcher("/petadd.jsp").forward(
                    request, response);
        }
    }
```

【PetServlet.getFileName()】

```java
private String getFileName(Part part) {
    // 获取 header 信息中的 content-disposition，如果为文件，则可以从其中提取出文件名
    String cotentDesc = part.getHeader("content-disposition");
    String fileName = null;
    Pattern pattern = Pattern.compile("filename=\".+\"");
    Matcher matcher = pattern.matcher(cotentDesc);
    if (matcher.find()) {
        fileName = matcher.group();
        fileName = fileName.substring(10, fileName.length() - 1);
    }
    return fileName;
}
```

【PetDAO.save()】

```java
public void save(Pet pet) throws Exception{
    Connection con = null;
    PreparedStatement ps = null;
    try {
        Class.forName("com.mysql.jdbc.Driver");
        con = DriverManager.getConnection("jdbc:mysql://localhost:3306/ph",
                "root", "123456");
        ps = con.prepareStatement("insert into t_pet value(null,?,?,?,?)");
        ps.setString(1, pet.getName());
        ps.setString(2, pet.getBirthdate());
        ps.setString(3, pet.getPhoto());
        ps.setInt(4, pet.getOwnerId());
        ps.executeUpdate();

    } catch (Exception e) {
        e.printStackTrace();
        throw new Exception("数据库访问出现异常:" + e);
    } finally {
        if (ps != null)
            ps.close();
        if (con != null)
            con.close();
    }
}
```

5.2 宠物信息删除功能

5.2.1 用例说明及顺序图

宠物信息删除功能的用例描述如表 5-3 所示。

表 5-3 宠物信息删除用例描述

用例名称：宠物信息删除
用例标示编号：09
参与者：管理员用户
简要说明：管理员从系统中删除一个宠物
前置条件：用户已登录，身份为管理员
基本事件流： 管理员在客户详细信息查看界面点击宠物对应的"删除"链接 系统删除宠物信息 系统返回宠物主人详细信息查看界面
其他事件流：无
异常事件流：如果出现异常，返回客户信息查看界面提示异常信息
后置条件：宠物信息从数据库中删除

根据用例描述画出宠物信息删除功能的顺序图如图 5-3 所示，宠物信息删除顺序图的描述如表 5-4 所示。

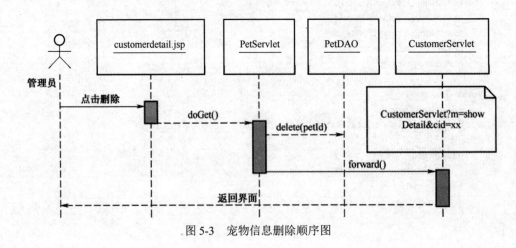

图 5-3 宠物信息删除顺序图

表 5-4 宠物信息删除顺序图描述

编号	类名或文件名	功能描述
1	PetDAO	DAO 类。其 delete 方法根据宠物主键删除宠物记录

与前面宠物添加完成后通过重定向跳转到显示页面不同，这里采用转发的方式跳转到显示页面。两种做法的本质是一样的，请求负责显示的 Servlet 地址并且将所需的参数一起传递过去。

5.2.2 功能编码

【PetServlet.delete()】

```java
private void delete(HttpServletRequest request, HttpServletResponse response)
        throws ServletException, IOException {

    try {
        int petId = Integer.parseInt(request.getParameter("petId"));
        PetDAO petDAO = new PetDAO();
        petDAO.delete(petId);
        request.setAttribute("msg", "删除成功");
        request.getRequestDispatcher(
                "/CustomerServlet?m=showDetail&cid="
                        + request.getParameter("cid")).forward(request,
                response);
    } catch (Exception e) {
        request.setAttribute("msg", e.getMessage());
        request.getRequestDispatcher(
                "/CustomerServlet?m=showDetail&cid="
                        + request.getParameter("cid")).forward(request,
                response);
    }
}
```

【PetDAO.delete()】

```java
public void delete(int petId) throws Exception{
    Connection con = null;
    PreparedStatement ps = null;
    try {
        Class.forName("com.mysql.jdbc.Driver");
        con = DriverManager.getConnection("jdbc:mysql://localhost:3306/ph",
                "root", "123456");
        ps = con.prepareStatement("delete from t_pet where id=?");
        ps.setInt(1, petId);
        ps.executeUpdate();
```

```
        } catch (Exception e) {
            e.printStackTrace();
            throw new Exception("数据库访问出现异常:" + e);
        } finally {
            if (ps != null)
                ps.close();
            if (con != null)
                con.close();
        }
    }
```

5.3 宠物病历添加功能

5.3.1 用例描述及顺序图

宠物病历添加功能的用例描述如表 5-5 所示。

表 5-5 宠物病历添加用例描述

用例名称：宠物病历添加
用例标示编号：10
参与者：管理员用户
简要说明：管理员向系统添加一条宠物病历
前置条件：用户已登录，身份为管理员
基本事件流： 1．管理员在客户详细信息查看界面点击宠物对应的"添加病历"链接 2．系统返回宠物病历添加界面 3．管理员选择主治医生、病情描述和治疗方案后点击添加 4．系统保存宠物病历并返回到宠物主人信息查看界面，显示"病历操作成功"
其他事件流：无
异常事件流：如果出现异常，返回客户信息查看界面提示异常信息
后置条件：宠物病历信息保存到数据库中

根据用例描述画出宠物病历添加功能的顺序图如图 5-4 所示，宠物病历添加顺序图的描述如表 5-6 所示。

宠物信息维护功能实现 任务五

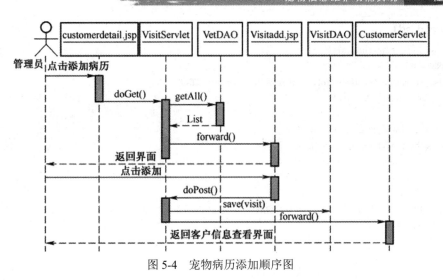

图 5-4 宠物病历添加顺序图

表 5-6 宠物病历添加顺序图描述

编号	类名或文件名	功能描述
1	visitadd.jsp	JSP 页面。显示添加病历界面
2	VisitServlet	Servlet。处理客户请求
3	VetDAO	DAO 类。其 getAll 方法返回所有的医生
4	VisitDAO	DAO 类。其 save 方法将 Visit 对象的数据保存到数据库中

5.3.2 界面原型

宠物病历添加功能主要由宠物病历输入界面实现，如图 5-5 所示。

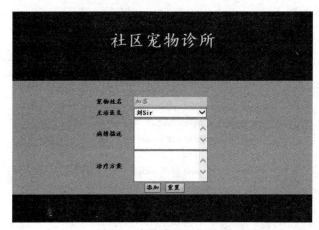

图 5-5 宠物病历添加界面

【visitadd.jsp】

```jsp
<%@page import="ph.entity.Vet"%>
<%@page import="java.util.List"%>
<%@ page language="java" contentType="text/html; charset=UTF-8"
    pageEncoding="UTF-8"%>
<%
    String path = request.getContextPath();
    String basePath = request.getScheme() + "://"
            + request.getServerName() + ":" + request.getServerPort()
            + path + "/";
%>
<!DOCTYPE html PUBLIC "-//W3C//DTD HTML 4.01 Transitional//EN""http://www.w3.org/
    TR/html4/loose.dtd">
<html>
<head>
<meta http-equiv="Content-Type" content="text/html; charset=UTF-8">
<base href="<%=basePath%>">
<link rel="stylesheet" href="styles.css">
<title>添加宠物病历</title>
</head>
<body>
    <div id="container">
        <div id="header">
            <a id="quit" href="QuitServlet">退出</a>
            <h1>社区宠物诊所</h1>
            <ul id="menu">
                <li><a href="vetsearch.jsp">医生管理</a></li>
                <li><a href="customersearch.jsp">客户管理</a></li>
            </ul>
        </div>
        <div id="content">
            <form action="VisitServlet" method="post">
                <table>
                    <tr>
                        <td>宠物姓名</td>
                        <td><input type="text" name="cname" disabled="disabled"
                            value="<%=request.getParameter("petname")%>" /><input
                            type="hidden" name="petId"
                            value="<%=request.getParameter("petId")%>" /><input
                            type="hidden" name="cid"
                            value="<%=request.getParameter("cid")%>" /></td>
                    </tr>
                    <tr>
                        <td>主治医生</td>
                        <td><select name="vetId">
```

```jsp
                    <%
                        List<Vet> vets = (List<Vet>) request.getAttribute("vets");
                        for (Vet v : vets) {
                    %>
                        <option value="<%=v.getId()%>">
                            <%=v.getName()%>
                        </option>
                    <%
                        }
                    %>
                    </select></td>
                </tr>
                <tr>
                    <td>病情描述</td>
                    <td><textarea rows="4" name="description"></textarea></td>
                </tr>
                <tr>
                    <td>治疗方案</td>
                    <td><textarea rows="4" name="treatment"></textarea></td>
                </tr>

                <tr class="cols2">
                    <td colspan="2"><input type="submit" value="添加" /><input
                        type="reset" value="重置" /></td>
                </tr>
                <tr class="cols2">
                    <td colspan="2" class="info"><%=request.getAttribute("msg")
                        ==null?"":request.getAttribute("msg") %></td>
                </tr>
            </table>
        </form>
    </div>
    <div id="footer"></div>
</div>
</body>
</html>
```

5.3.3 功能编码

【VisitServlet.doGet()】

```java
protected void doGet(HttpServletRequest request,
        HttpServletResponse response) throws ServletException, IOException {
    String m = request.getParameter("m");
    if ("showHistory".equals(m)) {
        showHistory(request, response);
    } else if ("toAdd".equals(m)) {
```

```
            toAdd(request, response);
        }
    }
```

【VisitServlet.toAdd()】

```
private void toAdd(HttpServletRequest request, HttpServletResponse response)
        throws ServletException, IOException {

    try {
        VetDAO vetDAO = new VetDAO();
        List<Vet> vets = vetDAO.getAll();
        request.setAttribute("vets", vets);
        request.getRequestDispatcher("/visitadd.jsp").forward(request,
                response);
    } catch (Exception e) {
        request.setAttribute("msg", e.getMessage());
        showHistory(request, response);
    }
}
```

【VetDAO.getAll()】

```
public List<Vet> getAll() throws Exception {
    List<Vet> vets = new ArrayList<Vet>();
    Connection con = null;
    PreparedStatement ps = null;
    ResultSet rs = null;
    try {
        Class.forName("com.mysql.jdbc.Driver");
        con = DriverManager.getConnection("jdbc:mysql://localhost:3306/ph",
                "root", "123456");
        ps=con.prepareStatement("select * from t_vet ");
        rs=ps.executeQuery();
        while(rs.next()){
            Vet v=new Vet();
            v.setId(rs.getInt("id"));
            v.setName(rs.getString("name"));
            vets.add(v);
        }

    } catch (Exception e) {
        e.printStackTrace();
        throw new Exception("数据库访问出现异常:" + e);
    } finally {
        if (rs != null)
            rs.close();
        if (ps != null)
            ps.close();
        if (con != null)
            con.close();
    }
    return vets;
```

【VisitServlet.doPost()】

```java
protected void doPost(HttpServletRequest request,
        HttpServletResponse response) throws ServletException, IOException {

    try {
        Visit visit = new Visit();
        visit.setPetId(Integer.parseInt(request.getParameter("petId")));
        visit.setVetId(Integer.parseInt(request.getParameter("vetId")));
        visit.setDescription(request.getParameter("description"));
        visit.setTreatment(request.getParameter("treatment"));
        VisitDAO visitDAO = new VisitDAO();
        visitDAO.save(visit);
        request.setAttribute("msg", "病历添加成功");
response.sendRedirect("CustomerServlet?m=showDetail&cid="+request.getParameter("cid"));
    } catch (Exception e) {
        request.setAttribute("msg", e.getMessage());
        request.getRequestDispatcher("/customersearch.jsp").forward(request,
                response);
    }
}
```

【VisitDAO.save()】

```java
public void save(Visit visit) throws Exception{
    Connection con = null;
    PreparedStatement ps = null;
    try {
        Class.forName("com.mysql.jdbc.Driver");
        con = DriverManager.getConnection("jdbc:mysql://localhost:3306/ph",
                "root", "123456");
        ps=con.prepareStatement("insert into t_visit value(null,?,?,CURDATE(),?,?)");
        ps.setInt(1, visit.getPetId());
        ps.setInt(2, visit.getVetId());
        ps.setString(3, visit.getDescription());
        ps.setString(4, visit.getTreatment());
        ps.executeUpdate();

    } catch (Exception e) {
        e.printStackTrace();
        throw new Exception("数据库访问出现异常:" + e);
    } finally {

        if (ps != null)
            ps.close();
        if (con != null)
            con.close();
    }
}
```

5.4 宠物病历浏览功能

5.4.1 用例描述及顺序图

宠物病历浏览功能的用例描述如表 5-7 所示。

表 5-7 宠物病历浏览用例描述

用例名称：宠物病历浏览
用例标示编号：11
参与者：管理员用户
简要说明：管理员浏览宠物病历
前置条件：用户已登录，身份为管理员
基本事件流： 1. 管理员在客户详细信息查看界面点击宠物对应的"病历"链接 2. 系统返回宠物病历浏览界面
其他事件流：无
异常事件流：如果出现异常，返回客户信息查看界面提示异常信息
后置条件：无

根据用例描述画出宠物病历浏览功能的顺序图如图 5-6 所示，宠物病历浏览顺序图的描述如表 5-8 所示。

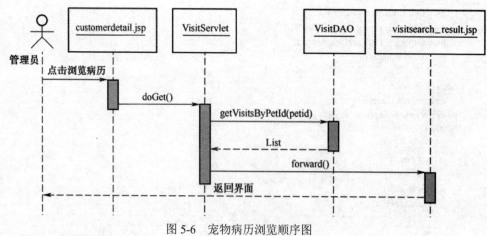

图 5-6 宠物病历浏览顺序图

表 5-8 宠物病历浏览顺序图描述

编号	类名或文件名	功能描述
1	visitsearch_result.jsp	JSP 页面。显示病历浏览界面
2	VisitDAO	DAO 类，其 getVisitsByPetId 方法根据宠物主键返回该宠物的病历集合

5.4.2 界面原型

宠物病历浏览功能主要由宠物病例浏览界面实现，如图 5-7 所示。

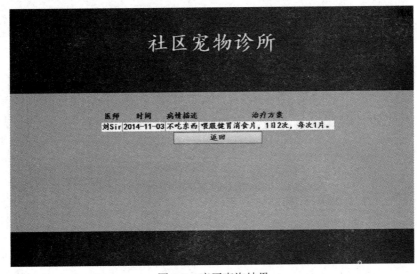

图 5-7 病历查询结果

【visitsearch_result.jsp】

```
<%@page import="ph.entity.Visit"%>
<%@page import="java.util.ArrayList"%>
<%@page import="java.util.List"%>
<%@page language="java" contentType="text/html; charset=UTF-8"
    pageEncoding="UTF-8"%>
<%
    String path = request.getContextPath();
    String basePath = request.getScheme() + "://"
            + request.getServerName() + ":" + request.getServerPort()
            + path + "/";
%>
<!DOCTYPE html PUBLIC "-//W3C//DTD HTML 4.01 Transitional//EN""http://www.w3.org/TR/html4/loose.dtd">
<html>
<head>
<meta http-equiv="Content-Type" content="text/html; charset=UTF-8">
<base href="<%=basePath%>">
```

```html
<link rel="stylesheet" href="styles.css">
<title>病历查询结果</title>
</head>
<body>
    <div id="container">
        <div id="header">
            <a id="quit" href="QuitServlet">退出</a>
            <h1>社区宠物诊所</h1>
            <ul id="menu">
                <li><a href="vetsearch.jsp">医生管理</a></li>
                <li><a href="customersearch.jsp">客户管理</a></li>
            </ul>
        </div>
        <div id="content">
            <table class="wide">
                <thead>
                    <tr>
                        <td>主治医师</td>
                        <td>到访时间</td>
                        <td>病情描述</td>
                        <td>治疗方案</td>
                    </tr>
                </thead>
                <%
                    List<Visit> visits = (List<Visit>)request.getAttribute("visits");
                    for (Visit v : visits) {
                %>
                <tr class="result">
                    <td>
                        <%=v.getVetName() %>
                    </td>
                    <td>
                        <%=v.getVisitdate() %>
                    </td>
                    <td>
                        <%=v.getDescription() %>
                    </td>
                    <td>
                        <%=v.getTreatment() %>
                    </td>
                </tr>
                <%
                    }
                %>
                <tr class="cols4">
                    <td colspan="4"><input type="button" value="返回"
                        onclick="history.back(-1);" /></td>
                </tr>
                <tr class="cols4">
                    <td colspan="4" class="info"><%=request.getAttribute("msg")
```

```
                                ==null?"":request.getAttribute("msg") %></td>
                        </tr>
                    </table>
                </div>
                <div id="footer"></div>
            </div>
        </body>
</html>
```

5.4.3 功能编码

【VisitServlet.showHistory()】

```
private void showHistory(HttpServletRequest request,
        HttpServletResponse response) throws ServletException, IOException {
    try {
        VisitDAO vistDAO = new VisitDAO();
        List<Visit> visits = vistDAO.getVisitsByPetId(Integer
                .parseInt(request.getParameter("petId")));
        request.setAttribute("visits", visits);
        if (visits.size() == 0) {
            request.setAttribute("msg", "没有找到历史病历");
        }
        request.getRequestDispatcher("/visitsearch_result.jsp").forward(
                request, response);
    } catch (Exception e) {
        request.setAttribute("msg", e.getMessage());
        request.getRequestDispatcher("/customersearch.jsp").forward(request,
                response);
    }
}
```

【VisitDAO.getVisitsByPetId()】

```
public List<Visit> getVisitsByPetId(int petId) throws Exception{
    List<Visit> visits=new ArrayList<Visit>();
    Connection con = null;
    PreparedStatement ps = null;
    ResultSet rs=null;
    try {
        Class.forName("com.mysql.jdbc.Driver");
        con = DriverManager.getConnection("jdbc:mysql://localhost:3306/ph",
                "root", "123456");
        ps=con.prepareStatement("select visit.*,vet.name from t_visit as visit inner join t_vet as vet on
                (visit.vetId=vet.id) where visit.petId=?");
        ps.setInt(1,petId);
        rs=ps.executeQuery();
        while(rs.next()){
            Visit visit=new Visit();
            visit.setId(rs.getInt("id"));
            visit.setPetId(petId);
            visit.setVetId(rs.getInt("vetId"));
```

```
                visit.setVisitdate(rs.getString("visitdate"));
                visit.setDescription(rs.getString("description"));
                visit.setTreatment(rs.getString("treatment"));
                visit.setVetName(rs.getString("name"));
                visits.add(visit);
            }

        } catch (Exception e) {
            e.printStackTrace();
            throw new Exception("数据库访问出现异常:" + e);
        } finally {
            if(rs!=null)
                rs.close();
            if (ps != null)
                ps.close();
            if (con != null)
                con.close();
        }
        return visits;
    }
```

任务拓展

1. 实现宠物信息添加功能。
2. 实现宠物信息删除功能。
3. 实现宠物病历添加功能。
4. 实现宠物病历浏览功能。

6

提高安全性

- 掌握 JSP/Servlet 开发方法
- 理解 Filter 实现权限控制方法
- 理解 MD5 加密

6.1 访问权限控制

6.1.1 什么是访问权限控制

  B/S 系统中的权限比 C/S 中的更显重要，C/S 系统因为具有特殊的客户端，所以访问用户的权限检测可以通过客户端或客户端+服务器检测实现，而 B/S 中，浏览器是每一台计算机都已具备的，如果不建立一个完整的权限检测，那么一个"非法用户"很可能就能通过浏览器轻易访问到 B/S 系统中的所有功能。因此 B/S 业务系统都需要有一个或多个权限系统来实现访问权限检测，让经过授权的用户可以正常合法地使用已授权功能，而将那些未经授权的"非法用户"彻底地"拒之门外"。

  基于角色的访问控制（Role-Based Access Control）作为传统访问控制的代替方法受到广泛的关注。在 RBAC 中，权限与角色相关联，特定的角色可以访问特定的资源，用户通过成为适当角色的成员而得到这些角色的权限。这就极大地简化了权限的管理。在一个组织中，角色是为了完成各种工作而创造，用户则依据它的责任和资格来被指派相应的角色，用户可以很容易地从一个角色被指派到另一个角色。角色可依据新的需求和系统的合并而赋予新的权限，而权限也可根据需要而从某角色中回收。

6.1.2 简单控制实现

在社区宠物诊所系统中并没有实现完整的 RBAC 权限访问控制，只是通过过滤器实现了对特定的 JSP 页面设置访问角色的要求。

【AuthenticFilter.java】

```java
package ph.utils;

import java.io.IOException;
import java.util.ArrayList;
import java.util.List;
import javax.servlet.Filter;
import javax.servlet.FilterChain;
import javax.servlet.FilterConfig;
import javax.servlet.ServletException;
import javax.servlet.ServletRequest;
import javax.servlet.ServletResponse;
import javax.servlet.annotation.WebFilter;
import javax.servlet.http.HttpServletRequest;
import javax.servlet.http.HttpSession;
import ph.entity.User;

@WebFilter("*.jsp")
public class AuthenticFilter implements Filter {

    private static List<String> adminAuths = new ArrayList<String>();

    static {
        adminAuths.add("/visitsearch_result.jsp");
        adminAuths.add("/visitadd.jsp");
        adminAuths.add("/vetsearch_result.jsp");
        adminAuths.add("/vetsearch.jsp");
        adminAuths.add("/vetedit.jsp");
        adminAuths.add("/petadd.jsp");
        adminAuths.add("/customersearch.jsp");
        adminAuths.add("/customersearch_result.jsp");
        adminAuths.add("/customerdetail.jsp");
        adminAuths.add("/customeradd.jsp");
    }

    public void destroy() {
        System.out.println("身份验证过滤器销毁");
    }

    public void doFilter(ServletRequest request, ServletResponse response,
            FilterChain chain) throws IOException, ServletException {
```

```java
            HttpServletRequest httpreq = (HttpServletRequest) request;
            HttpSession session = httpreq.getSession(true);
            String requestURI = httpreq.getRequestURI();
            requestURI = requestURI.substring(requestURI.lastIndexOf("/"));
            if (adminAuths.contains(requestURI)) {
                User user = (User) session.getAttribute("user");
                if (user == null) {
                    request.setAttribute("msg", "请先登录");
                    request.getRequestDispatcher("/index.jsp").forward(httpreq,
                        response);
                } else if (user.getRole().equals("admin")) {
                    chain.doFilter(request, response);
                } else {
                    request.setAttribute("msg", "该页面只有管理员能够访问");
                    request.getRequestDispatcher("/index.jsp").forward(httpreq,
                        response);
                }
            } else {
                chain.doFilter(request, response);
            }

        }

        public void init(FilterConfig fConfig) throws ServletException {
            System.out.println("身份验证过滤器启动");
        }

    }
```

6.2 MD5 加密

6.2.1 什么是 MD5 加密

MD5 的全称是 Message-Digest Algorithm 5（信息-摘要算法），严格上来说 MD5 并不是一种加密算法，而是 Hash 函数算法，Hash 函数与加密算法的区别在于：

（1）前者可以不用密钥，后者必须使用密钥；

（2）前者不能倒回，就是说由计算结果不能得出原先的明文，而后者必须能倒回去；

（3）前者输入、输出长度不同，因此又称为消息摘要，后者一般输入与输出长度相同。

目前对于 MD5 算法的破解方式主要为暴力破解法，即输入足够多的原始密码加密后得到密文库，然后通过黑入数据库得到客户的密文与密文库中的数据进行比较，如果密文相同则可以由密文库得知原始密码。在实际 MD5 算法运用中，为了防止暴力破解，一般会采用二次加密或者配合混淆码加密，这里不做讨论。

6.2.2 应用加密

在宠物诊所系统中运用 MD5 加密主要分为两个部分：保存和验证。

首先在添加用户时，将明文密码加密得到密文，然后再将密文保存到数据库中，如图 6-1 所示。

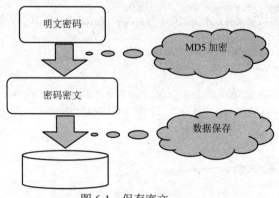

图 6-1　保存密文

然后在进行用户登录信息验证时，将用户输入的密码经过 MD5 加密后得到验证密文，将验证密文和数据库中的密文进行比较，如果两个密文一致就表示密码验证通过，如图 6-2 所示。

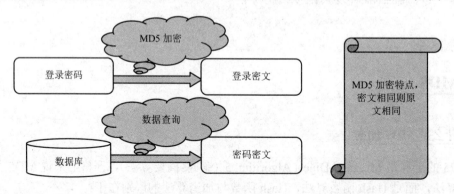

图 6-2　密码验证

java.security.MessageDigest 类用于为应用程序提供信息摘要算法的功能，如 MD5 或 SHA 算法。信息摘要是安全的单向哈希函数，它接收任意大小的数据，输出固定长度的哈希值。MD5Util 类的 MD5()静态方法使用 MessageDigest 实现了字符串的 MD5 运算，读者只需要调用即可。

【MD5Util.java】

package ph.utils;

import java.security.MessageDigest;

```
public class MD5Util {
    public final static String MD5(String s) {
        char hexDigits[]={'0','1','2','3','4','5','6','7','8','9','A','B','C','D','E','F'};
        try {
            byte[] btInput = s.getBytes();
            // 获得 MD5 摘要算法的 MessageDigest 对象
            MessageDigest mdInst = MessageDigest.getInstance("MD5");
            // 使用指定的字节更新摘要
            mdInst.update(btInput);
            // 获得密文
            byte[] md = mdInst.digest();
            // 把密文转换成十六进制的字符串形式
            int j = md.length;
            char str[] = new char[j * 2];
            int k = 0;
            for (int i = 0; i < j; i++) {
                byte byte0 = md[i];
                str[k++] = hexDigits[byte0 >>> 4 & 0xf];
                str[k++] = hexDigits[byte0 & 0xf];
            }
            return new String(str);
        } catch (Exception e) {
            e.printStackTrace();
            return null;
        }
    }
}
```

在向数据库添加用户信息前封装用户信息时，不能再使用明文密码，需要使用加密后的密文，修改 CustomerServlet 的 add()方法，将 user.setPwd("123456")修改为下面的代码：

user.setPwd(MD5Util.MD5("123456"));

字符串 123456 对应的 MD5 编码为 E10ADC3949BA59ABBE56E057F20F883E。

现在添加新客户到数据库中，保存的初始密码就不再是 123456 而是它的 MD5 编码，所以在登录验证时也要将用户输入的登录密码经过 MD5 编码后的结果与数据库中的记录进行比较才行。将 LoginServlet 的 doPost()方法中的判断条件修改为下面的代码：

else if (!user.getPwd().equals(MD5Util.MD5(request.getParameter("pwd")))){…}

相应的初始化数据库时管理员的密码也要修改为 MD5 编码后的结果。

任务拓展

1. 实现管理员访问权限功能。
2. 实现 MD5 加密功能。

7 宠物诊所综合实训

- 理解用例说明
- 掌握 JSP/Servlet 开发方法
- 掌握 JDBC 编程技巧

本章为实训章节,由读者根据需求完成剩下的功能模块,完成过程中读者可以根据需要自行修改、生成新的界面原型。当角色为客户(customer)的用户登录时,系统返回客户首页,客户可以进行退出、修改密码、宠物管理等操作,客户的界面必须具备相关角色的用户登录后才能访问。

7.1 密码修改功能

密码修改功能的用例描述如表 7-1 所示。

表 7-1 密码修改用例描述

用例名称:	密码修改
用例标示编号:	12
参与者:	管理员、客户
简要说明:	登录用户修改登录密码
前置条件:	用户已登录

续表

基本事件流：
1．用户点击修改密码链接
2．系统返回修改密码界面
3．用户输入验证码、原密码、新密码和确认新密码后点击更新
4．系统返回登录界面提示"密码更新成功请重新登录"
其他事件流：
1．验证码输入有误时返回修改密码界面提示用户"验证码不正确"
2．原始密码输入有误时返回修改密码界面提示用户"原始密码不正确"
3．新密码和确认新密码不一致时返回修改密码界面提示用户"确认密码有误"
异常事件流：如果出现异常，返回修改密码界面提示异常信息
后置条件：用户登录密码在数据库中更新

7.2 客户宠物管理功能

客户宠物管理功能的用例描述如表 7-2 所示。

表 7-2 客户宠物管理用例描述

用例名称：客户宠物管理
用例标示编号：13
参与者：客户
简要说明：客户修改宠物照片
前置条件：客户已登录
基本事件流：
1．客户点击"我的宠物"链接
2．系统返回当前客户的宠物列表界面，客户点击宠物对应的"修改照片"链接
3．系统返回照片修改界面，客户选择新的照片点击更新
4．系统更新照片返回宠物列表界面
其他事件流：
客户没有上传新照片时返回修改照片界面提示用户"请选择照片上传"
异常事件流：如果出现异常，返回修改照片界面提示异常信息
后置条件：宠物照片上传到服务器，在数据库中更新照片地址

8 加入一点 AJAX

- 理解 AJAX
- 掌握 XMLHttpRequest 对象的使用
- 掌握 Servlet 返回 XML 格式数据

8.1 AJAX 基础

8.1.1 AJAX 简介

AJAX 即 Asynchronous Javascript And XML（异步 JavaScript 和 XML），是指一种创建交互式网页应用的网页开发技术。

传统的 Web 应用程序会把数据提交到 Web 服务器。在 Web 服务器把数据处理完毕之后，会向用户返回一张完整的新网页。由于每当用户提交输入，服务器就会返回新网页，传统的 Web 应用程序往往运行缓慢，且越来越不友好。

通过 AJAX，Web 应用程序无需重载网页，就可以发送并取回数据。完成这项工作，需要通过 XHR 对象向服务器发送 HTTP 请求，并通过当服务器返回数据时使用 JavaScript 修改网页的某部分。

AJAX 可以使用任何格式，包括纯文本，早期一般使用 XML 作为接收服务器数据的格式，目前逐步被 JSON 格式的数据替代。

8.1.2　XMLHttpRequest 对象

XMLHttpRequest 对象是 AJAX 的关键。该对象在 Internet Explorer 5.5 于 2000 年 7 月发布之后就可用了，但是在人们开始讨论 AJAX 和 Web 2.0 之前，这个对象并没有得到充分的认识。

1. 创建 XMLHttpRequest

不同的浏览器使用不同的方法来创建 XMLHttpRequest 对象。Internet Explorer 使用 ActiveXObject，其他浏览器使用名为 XMLHttpRequest 的 JavaScript 内置对象。下面是常用来得到 XMLHttpRequest 对象的代码。

【XHR.js】

```
function getXHR() {
    var xmlHttp = null;
    try { // Firefox, Opera 8.0+, Safari
        xmlHttp = new XMLHttpRequest();
    } catch (e) { // Internet Explorer
        try {
            xmlHttp = new ActiveXObject("Msxml2.XMLHTTP");
        } catch (e) {
            xmlHttp = new ActiveXObject("Microsoft.XMLHTTP");
        }
    }
    return xmlHttp;
}
```

2. 通过 XMLHttpRequest 发送请求

通过使用 XMLHttpRequest 对象的 open()和 send()方法，可以向服务器发送请求而无需通过表单或者链接。

open(method,url,async)规定请求的类型、URL 以及是否异步处理请求。其中 method 为请求的类型，值可以为"GET"或"POST"；url 为请求的资源地址；async 为是否使用异步方式，true（异步）或 false（同步）。

send(string)将请求发送到服务器。其中 string 仅用于 POST 方式请求时提交请求参数名值对，如果是 GET 方式想要发送参数，直接在 open 方法的 url 后面加参数名值对。另外如果需要像通过 POST 方式提交参数，需要在 send(string)之前使用 setRequestHeader()来添加 HTTP 头：

```
xmlhttp.open("POST","AjaxServlet",true);
xmlhttp.setRequestHeader("Content-type","application/x-www-form-urlencoded");
xmlhttp.send("name=haha&gender=male");
```

3. readyState、status 和 onreadystatechange

一次完整的 http 请求包含 5 个状态：请求未初始化、服务器连接建立、请求已接收、请求处理中和请求完成响应就绪。XMLHttpRequest 的 readyState 属性用来存储请求的状态变化，依次分别用 0 到 4 标识。

XMLHttpRequest 的 status 属性表示服务器响应状态码，常用的 200 表示响应成功，404

表示没有找到资源，500 表示服务器内部错误。

XMLHttpRequest 的 onreadystatechange 属性用来绑定 XMLHttpRequest 对象的 readystate 状态变化事件，即一次请求在请求未初始化、服务器连接建立、请求已接收、请求处理中和请求完成响应就绪 5 种状态变化时都会触发 onreadystatechange。

在 onreadystatechange 事件中，设置当服务器响应已做好被处理的准备时所执行的任务。当 readyState 等于 4 且状态为 200 时，表示响应已就绪：

```
xmlhttp.onreadystatechange=function()
{
  if (xmlhttp.readyState==4 && xmlhttp.status==200)
    {
    //书写响应完成时的 JavaScript 代码
    }
}
```

4．responseText 和 responseXML

如果来自服务器的响应并非 XML 格式的数据，可以使用 responseText 属性。responseText 属性返回字符串形式的响应。如果来自服务器的响应是 XML 格式的数据，并且需要作为 XML 对象进行解析，可以使用 responseXML 属性获得 DOM 格式的对象，通过该对象可以使用 JavaScript 操作 DOM 的方法进行访问，如 getElementsByTagName()。

8.2 使用 AJAX 实现登录

在使用 AJAX 进行异步表单提交时，原表单中的参数需要手动传递，下面的代码可以用来将表单对象中的参数名值对进行连接，避免人工取值带来的麻烦。

【Serialize.js】

```
function serialize(form) {
    if (!form || form.nodeName !== "FORM") {
        return;
    }
    var i, j, q = [];
    for (i = form.elements.length - 1; i >= 0; i = i - 1) {
        if (form.elements[i].name === "") {
            continue;
        }
        switch (form.elements[i].nodeName) {
        case 'INPUT':
            switch (form.elements[i].type) {
            case 'text':
            case 'hidden':
            case 'password':
            case 'button':
            case 'reset':
            case 'submit':
```

```javascript
                    q.push(form.elements[i].name + "="
                            + encodeURIComponent(form.elements[i].value));
                    break;
                case 'checkbox':
                case 'radio':
                    if (form.elements[i].checked) {
                        q.push(form.elements[i].name + "="
                                + encodeURIComponent(form.elements[i].value));
                    }
                    break;
                }
                break;
            case 'file':
                break;
            case 'TEXTAREA':
                q.push(form.elements[i].name + "="
                        + encodeURIComponent(form.elements[i].value));
                break;
            case 'SELECT':
                switch (form.elements[i].type) {
                case 'select-one':
                    q.push(form.elements[i].name + "="
                            + encodeURIComponent(form.elements[i].value));
                    break;
                case 'select-multiple':
                    for (j = form.elements[i].options.length - 1; j >= 0; j = j - 1) {
                        if (form.elements[i].options[j].selected) {
                            q.push(form.elements[i].name
                                    + "="
                                    + encodeURIComponent(form.elements[i].options[j].value));
                        }
                    }
                    break;
                }
                break;
            case 'BUTTON':
                switch (form.elements[i].type) {
                case 'reset':
                case 'submit':
                case 'button':
                    q.push(form.elements[i].name + "="
                            + encodeURIComponent(form.elements[i].value));
                    break;
                }
                break;
            }
        }
    }
    return q.join("&");
}
```

修改 index.jsp，通过 JavaScript 接管表单的 onsubmit 事件，当事件触发时通过 XMLHttpRequest 对象异步提交表单数据，并且根据返回结果进行相应的操作。后台返回的数据格式为 XML 格式的文本，例如：

```xml
<result>
<success>false</success>
<msg>密码错误</msg>
<url>index.jsp</url>
</result>
```

【index.jsp】脚本部分

```html
<script type="text/javascript" src="js/XHR.js"></script>
<script type="text/javascript" src="js/Serialize.js"></script>
<script type="text/javascript">
    function submitForm(form){
        var xhr=getXHR();
        xhr.onreadystatechange=function(){
            if(xhr.readyState==4&&xhr.status==200){
                var xml=xhr.responseXML;
                var s=xml.getElementsByTagName("success")[0].firstChild.data;
                var msg=xml.getElementsByTagName("msg")[0].firstChild.data;
                var url=xml.getElementsByTagName("url")[0].firstChild.data;
                alert(msg);
                if(s=="true"){
                    window.location.href=url;
                }
            }
        }
        xhr.open("post","AjaxLoginServlet",true);
        xhr.setRequestHeader("Content-type","application/x-www-form-urlencoded");
        xhr.send(serialize(form));
        return false;
    }
</script>
```

【index.jsp】表单部分

```html
<form action="LoginServlet" method="post" onsubmit="return submitForm(this);">
```

AjaxLoginServlet 需要进行大的变更，使用 AJAX 后服务器代码不再直接执行跳转，而是通过 PrintWriter 对象返回处理结果文本给前台的 JavaScript，如果返回的是 XML 格式的数据需要注意以下几点：

（1）要设置响应消息格式：response.setContentType("text/xml")。

（2）如果返回内容包含中文，需要对响应对象进行乱码处理：response.setCharacterEncoding("utf-8")。

（3）通过 PrintWriter 的输出方法返回文本，注意 XML 格式的数据结构一定要正确，否则前台 XMLHttpRequest 对象的 responseXML 属性会取不到值。

【AjaxLoginServlet.java】

```java
package ph.servlet;
```

```java
import java.io.IOException;
import java.io.PrintWriter;
import javax.servlet.ServletException;
import javax.servlet.annotation.WebServlet;
import javax.servlet.http.HttpServlet;
import javax.servlet.http.HttpServletRequest;
import javax.servlet.http.HttpServletResponse;
import ph.dao.UserDAO;
import ph.entity.User;
import ph.utils.MD5Util;

@WebServlet("/AjaxLoginServlet")
public class AjaxLoginServlet extends HttpServlet {

    protected void doPost(HttpServletRequest request,
            HttpServletResponse response) throws ServletException, IOException {
        response.setContentType("text/xml");
        response.setCharacterEncoding("utf-8");
        PrintWriter out = response.getWriter();
        boolean success = false;
        String url = null;
        String msg = null;
        String realcode = request.getSession(true).getAttribute("realcode")
                .toString();
        String inputcode = request.getParameter("checkcode");
        if (realcode.equalsIgnoreCase(inputcode)) {
            UserDAO userDAO = new UserDAO();
            try {
                User user = userDAO.getByName(request.getParameter("name"));
                if (user == null) {
                    url = "index.jsp";
                    msg = "用户名不存在";
                } else if (!user.getPwd().equals(
                        MD5Util.MD5(request.getParameter("pwd")))) {
                    url = "index.jsp";
                    msg = "密码错误";
                } else {
                    request.getSession(true).setAttribute("user", user);
                    if (user.getRole().equals("admin")) {
                        url = "vetsearch.jsp";
                    } else if (user.getRole().equals("customer")) {
                        url = "custindex.jsp";
                    }
                    msg = "登录成功";
                    success = true;
                }
            } catch (Exception e) {
                url = "index.jsp";
                msg = e.toString();
```

```
            }
        } else {
            url = "index.jsp";
            msg = "验证码输入有误";
        }

        out.print("<result><success>" + success + "</success><msg>" + msg
            + "</msg><url>" + url + "</url></result>");

        out.flush();
        out.close();

    }
}
```

　　除了 XML 格式的数据,Java 对 JSON 格式的数据也有很好的支持,常用的第三方代码 Jackson 支持 Java 对象与 JSON 文本的转换,同时 JavaScript 访问 JSON 对象也非常容易,希望读者能够尝试一下。